Desalegn Amenu
Ayantu Nugusa

Princípios de Parasitologia

Desalegn Amenu
Ayantu Nugusa

Princípios de Parasitologia

Livro didático

ScienciaScripts

Imprint

Cover image: www.ingimage.com

This book is a translation from the original published under ISBN 978-620-7-84305-3.

Publisher:
Sciencia Scripts
is a trademark of
Dodo Books Indian Ocean Ltd. and OmniScriptum S.R.L publishing group

120 High Road, East Finchley, London, N2 9ED, United Kingdom
Str. Armeneasca 28/1, office 1, Chisinau MD-2012, Republic of Moldova, Europe
Printed at: see last page
ISBN: 978-620-8-30430-0

Desalegn Amenu e Ayantu Nugusa, 2024

Tabela de Conentos

Prefácio: Princípios de Parasitologia

Bem-vindo aos *Princípios de Parasitologia*, um livro de texto abrangente concebido para explorar o mundo fascinante dos organismos parasitas e as suas interações com os hospedeiros. A Parasitologia é um campo dinâmico que abrange o espetro da biologia molecular à saúde pública global, englobando diversos organismos que desenvolveram estratégias intrincadas de sobrevivência e transmissão.

Este livro tem como objetivo proporcionar uma compreensão aprofundada dos princípios fundamentais subjacentes à parasitologia, destinando-se a estudantes, investigadores e profissionais de várias disciplinas, incluindo biologia, medicina, veterinária e saúde pública. Quer esteja a aprofundar os intrincados ciclos de vida dos protozoários parasitas, as adaptações morfológicas dos helmintos ou a epidemiologia das doenças transmitidas por vectores, este livro serve de guia para desvendar as complexidades das infecções parasitárias.

Caraterísticas principais deste livro de texto:

Cobertura abrangente: Discussões detalhadas sobre a taxonomia, morfologia, fisiologia e ecologia de organismos parasitas, fornecendo uma visão holística da sua biologia.

Patogénese e Impacto Clínico: Exploração dos mecanismos pelos quais os parasitas causam doenças nos seus hospedeiros, e as manifestações clínicas resultantes.

Epidemiologia e estratégias de controlo: Perspectivas sobre a epidemiologia das infecções parasitárias, incluindo a dinâmica da transmissão, as interações hospedeiro-parasita e as estratégias de prevenção e controlo.

Questões emergentes: Cobertura de doenças parasitárias emergentes, resistência a medicamentos e o impacto de factores ambientais e sociais na transmissão de parasitas.

Exemplos ilustrativos: Estudos de casos e exemplos retirados de contextos globais para ilustrar conceitos-chave e aplicações no mundo real.

Ferramentas pedagógicas: Inclui figuras, tabelas e resumos para facilitar a compreensão e a retenção de informações complexas.

Como editores e autores, esforçámo-nos por compilar as mais recentes investigações e conhecimentos neste livro de texto, assegurando que serve como um recurso valioso tanto para estudo académico como para referência profissional. Esperamos que *Princípios de Parasitologia* inspire a curiosidade e a exploração mais profunda do mundo cativante dos parasitas e das suas intrincadas relações com os hospedeiros.

Obrigado por embarcar connosco nesta viagem pela parasitologia. Convidamo-lo a mergulhar nas páginas que se seguem e a descobrir a miríade de maravilhas e desafios colocados por estes organismos notáveis.

1. Introdução à Parasitologia

A Parasitologia é o estudo científico dos parasitas e das suas interações com os seus hospedeiros. Engloba a biologia dos parasitas, as doenças que causam, os seus ciclos de vida e a sua distribuição, bem como os métodos utilizados para diagnosticar, tratar e controlar as infecções parasitárias. Os parasitas podem afetar todos os organismos vivos, incluindo seres humanos, animais e plantas, e podem causar uma vasta gama de problemas de saúde, desde um ligeiro desconforto a doenças graves.

Conceitos-chave em Parasitologia

Definição de Parasitas: Os parasitas são organismos que vivem num organismo hospedeiro ou dentro dele e obtêm os seus nutrientes à custa do hospedeiro. Existem três tipos principais de parasitas:

Protozoários: Organismos unicelulares, como o Plasmodium (a causa da malária).

Helmintos: Vermes multicelulares, tais como ténias, lombrigas e vermes.

Ectoparasitas: Parasitas que vivem na superfície do hospedeiro, como piolhos, carraças e ácaros.

Ciclos de vida: Os parasitas têm frequentemente ciclos de vida complexos que podem envolver vários hospedeiros e várias fases de desenvolvimento. Compreender estes ciclos de vida é crucial para diagnosticar e controlar as infecções parasitárias.

Interações entre o hospedeiro e o parasita: A relação entre um parasita e o seu hospedeiro pode variar desde o mutualismo, em que ambos beneficiam, até ao parasitismo, em que o parasita beneficia à custa do hospedeiro. A resposta imunitária do hospedeiro e as estratégias de evasão do parasita desempenham um papel fundamental nestas interações.

Transmissão: Os parasitas podem ser transmitidos por várias vias, incluindo a ingestão de alimentos ou água contaminados, picadas de insectos, contacto direto e transmissão sexual. O modo de transmissão influencia frequentemente a epidemiologia e as medidas de controlo da doença parasitária.

Epidemiologia: O estudo da distribuição e dos factores determinantes das doenças parasitárias nas populações. Isto inclui factores como a distribuição geográfica, as condições ambientais e os comportamentos sociais que influenciam a propagação dos parasitas.

Diagnóstico e tratamento: O diagnóstico exato das infecções parasitárias requer frequentemente técnicas laboratoriais especializadas, incluindo microscopia, serologia e métodos moleculares. O tratamento varia consoante o parasita, mas pode incluir medicamentos antiparasitários, cuidados de apoio e, por vezes, cirurgia.

Controlo e prevenção: As estratégias para controlar e prevenir as infecções parasitárias incluem a melhoria do saneamento e da higiene, o controlo dos vectores (por exemplo, mosquitos), a vacinação (quando disponível) e a educação para a saúde pública.

Importância da Parasitologia

Saúde humana: Muitas doenças parasitárias, como a malária, a esquistossomose e a leishmaniose, têm impactos significativos na saúde humana, particularmente nas regiões tropicais e subtropicais.

Medicina veterinária: Os parasitas também podem afetar o gado e os animais de estimação, causando perdas económicas e afectando o bem-estar dos animais.

Ecologia e Evolução: Os parasitas desempenham papéis importantes nos ecossistemas e podem influenciar a evolução dos seus hospedeiros e de outras espécies através das suas interações.

1.1. Porque é que estudamos parasitologia

O estudo da parasitologia é essencial por várias razões, que abrangem os domínios da saúde, económico, ecológico e científico. Eis as principais motivações para o estudo da parasitologia:

Benefícios para a saúde

Prevenção e controlo de doenças: As infecções parasitárias, como a malária, a esquistossomose e a leishmaniose, afectam milhões de pessoas em todo o mundo, especialmente nas regiões tropicais e subtropicais. A compreensão dos ciclos de vida, da transmissão e da epidemiologia dos parasitas é crucial para o desenvolvimento de medidas eficazes de prevenção e controlo.

Melhoria do diagnóstico e do tratamento: Os avanços na parasitologia podem levar ao desenvolvimento de melhores ferramentas de diagnóstico e tratamentos. Isto é essencial para identificar com precisão as infecções parasitárias e proporcionar intervenções médicas eficazes, reduzindo assim a morbilidade e a mortalidade.

Abordar a resistência aos medicamentos: O aparecimento de parasitas resistentes aos medicamentos representa um desafio significativo para a saúde pública. O estudo dos mecanismos de resistência e a identificação de novos alvos para os medicamentos são vitais para desenvolver novas terapêuticas e manter a eficácia dos tratamentos existentes.

Benefícios económicos

Saúde agrícola e veterinária: Os parasitas afectam o gado e as culturas, provocando perdas económicas significativas na agricultura e na criação de animais. A compreensão das doenças parasitárias em animais e plantas ajuda a conceber estratégias para proteger as fontes de alimentação, garantindo a segurança alimentar e reduzindo os encargos económicos dos agricultores e das indústrias.

Benefícios ecológicos e ambientais

Biodiversidade e saúde dos ecossistemas: Os parasitas desempenham papéis essenciais nos ecossistemas, influenciando a dinâmica das populações, as interações entre espécies e a biodiversidade. O estudo dos parasitas contribui para a nossa compreensão do equilíbrio ecológico e do funcionamento dos ecossistemas.

Impacto das alterações climáticas: As alterações climáticas podem alterar a distribuição e a prevalência das doenças parasitárias. A compreensão desta dinâmica ajuda a prever e a atenuar o impacto das alterações climáticas na saúde pública e nos ecossistemas.

Benefícios científicos e educacionais

Avanço do conhecimento biológico: Os parasitas têm ciclos de vida complexos e interações intrincadas com os seus hospedeiros. O estudo destas interações permite compreender os processos biológicos fundamentais, incluindo a imunologia, a genética e a evolução.

Formação e ensino: A parasitologia é um domínio fundamental das ciências médicas, veterinárias e biológicas. A formação de profissionais em parasitologia dota-os dos conhecimentos e das competências necessárias para tratar as doenças parasitárias e contribuir para os avanços científicos.

Benefícios sociais e de saúde pública

Equidade na saúde global: Muitas doenças parasitárias afectam desproporcionadamente as comunidades de baixo rendimento e marginalizadas. O estudo da parasitologia apoia iniciativas de saúde global destinadas a reduzir as disparidades de saúde e a melhorar a qualidade de vida das populações vulneráveis.

Política de Saúde Pública e Advocacia: A investigação em parasitologia informa as políticas e intervenções de saúde pública. Políticas baseadas em evidências e esforços eficazes de defesa são essenciais para mobilizar recursos, aumentar a consciencialização e implementar programas de saúde sustentáveis.

Investigação e inovação tecnológica

Desenvolvimento de novas tecnologias: As inovações em parasitologia, como os diagnósticos moleculares, as vacinas e os métodos de controlo de vectores, impulsionam os avanços tecnológicos que podem ser aplicados em vários domínios da medicina e da biologia.

1.2. Associações animais com ênfase no parasitismo

No mundo natural, os animais envolvem-se numa variedade de associações que podem variar entre benéficas e prejudiciais. Estas associações são categorizadas com base na natureza das interações entre os organismos envolvidos. O parasitismo é um dos principais tipos de associações, caracterizado pelo facto de um organismo beneficiar à custa de outro. Aqui está um olhar mais profundo sobre as associações animais com foco no parasitismo:

Tipos de associações de animais

Mutualismo: Ambos os organismos beneficiam da interação. Os exemplos incluem:

Líquen: Uma associação mutualista entre fungos e algas.

As abelhas e as flores: As abelhas obtêm o néctar das flores quando as polinizam.

Comensalismo: Um organismo beneficia e o outro não é ajudado nem prejudicado. Os exemplos incluem:

Cracas nas baleias: As cracas obtêm um local para viver e acesso ao plâncton, enquanto as baleias não são afectadas.

Rémoras e tubarões: As rémoras fixam-se aos tubarões e alimentam-se de restos de comida.

Parasitismo: Um organismo (o parasita) beneficia à custa do outro (o hospedeiro). Este tipo de parasitismo pode ser dividido em vários tipos, consoante a natureza e a localização da relação parasitária.

Parasitismo: Panorama pormenorizado

Tipos de Parasitas

Ectoparasitas: Estes parasitas vivem na superfície externa do hospedeiro.

Exemplos: Carraças, pulgas, piolhos.

Impacto: Pode causar irritação da pele, transmitir doenças (por exemplo, a doença de Lyme através de carraças).

Endoparasitas: Estes parasitas vivem no interior do corpo do hospedeiro.

Exemplos: Ténias, lombrigas, Plasmodium (parasita da malária).

Impacto: Pode causar danos internos graves, deficiências nutricionais e doenças.

Mesoparasitas: Estes parasitas vivem em parte no interior e em parte no exterior do hospedeiro.

Exemplos: Copépodes que se fixam nas guelras dos peixes.

Parasitas sociais: Estes parasitas exploram o comportamento social de outros animais.

Exemplos: Os cucos põem ovos nos ninhos de outras espécies de aves.

Ciclos de vida e transmissão

Ciclo de vida direto: O parasita completa o seu ciclo de vida num único hospedeiro.

Exemplo: Pinworms em humanos.

Ciclo de vida indireto: O parasita necessita de vários hospedeiros para completar o seu ciclo de vida.

Exemplo: O Plasmodium, que necessita tanto de mosquitos como de seres humanos.

Métodos de transmissão:

Ingestão: Consumo de alimentos ou água contaminados.

Transmissão por **vetor**: Transmissão através de outro organismo, como os mosquitos.

Contacto direto: Pele a pele ou através de fluidos corporais.

Interações entre o hospedeiro e o parasita

Efeitos patogénicos: Os parasitas podem causar doenças e outros problemas de saúde nos hospedeiros. Estes efeitos vão desde um ligeiro desconforto a doenças graves.

Resposta imunitária do hospedeiro: Os hospedeiros desenvolveram respostas imunitárias para combater as infecções parasitárias. Os parasitas, por sua vez, desenvolveram mecanismos para escapar a essas defesas.

Mudanças de comportamento: Alguns parasitas podem alterar o comportamento dos seus hospedeiros para melhorar a sua própria transmissão.

Exemplo: O Toxoplasma gondii pode alterar o comportamento dos roedores infectados, tornando-os mais susceptíveis de serem apanhados por gatos, o hospedeiro definitivo do parasita.

Implicações ecológicas e evolutivas

Coevolução: Os hospedeiros e os parasitas envolvem-se frequentemente numa corrida ao armamento evolutiva, conduzindo a adaptações e contra-adaptações.

Dinâmica populacional: O parasitismo pode influenciar o tamanho da população e a estrutura da comunidade, afectando a mortalidade e a reprodução do hospedeiro.

Biodiversidade: Os parasitas contribuem para a biodiversidade e podem ter impacto na saúde e na dinâmica dos ecossistemas.

Controlo e gestão

Intervenções médicas e veterinárias: Desenvolvimento de medicamentos antiparasitários, vacinas e instrumentos de diagnóstico.

Medidas de saúde pública: Melhoria do saneamento, programas de controlo de vectores e educação pública para reduzir a propagação de doenças parasitárias.

Gestão ambiental: Modificação do habitat e gestão da vida selvagem para controlar as populações de parasitas.

1.3. Termos utilizados em parasitologia

A Parasitologia, o estudo dos parasitas, envolve uma variedade de termos especializados que descrevem os organismos, os seus ciclos de vida, as interações com os hospedeiros e fenómenos relacionados. Segue-se uma lista de termos essenciais utilizados habitualmente em parasitologia:

Tipos de Parasitas e Hospedeiros

Parasita: Um organismo que vive num organismo hospedeiro ou dentro dele e obtém nutrientes à custa do hospedeiro.

Hospedeiro: Um organismo que alberga um parasita e lhe fornece nutrientes e um ambiente de vida.

Tipos de hosts

Hospedeiro definitivo: O hospedeiro no qual o parasita atinge a maturidade sexual e se reproduz.

Hospedeiro intermediário: O hospedeiro no qual o parasita se desenvolve mas não atinge a maturidade sexual.

Hospedeiro reservatório: Um hospedeiro animal que alberga um parasita e serve como fonte de infeção para os seres humanos ou outras espécies.

Hospedeiro Paratênico (Transporte): Um hospedeiro que alberga temporariamente o parasita sem sofrer qualquer desenvolvimento, mas que pode transferir o parasita para o hospedeiro definitivo.

Fases do ciclo de vida dos parasitas

Larva: A forma juvenil de um parasita que frequentemente passa por vários estágios de desenvolvimento antes de se tornar um adulto.

Ninfa: Um estádio imaturo de alguns parasitas (por exemplo, carraças) que se assemelha ao adulto, mas é mais pequeno e não está sexualmente maduro.

Cisto: Um estágio dormente e resistente de um parasita que pode sobreviver em condições adversas até encontrar um hospedeiro adequado.

Trofozoíto: A fase ativa, de alimentação e de reprodução de alguns protozoários parasitas.

Tipos de Parasitismo

Parasita obrigatório: Um parasita que não consegue completar o seu ciclo de vida sem um hospedeiro.

Parasita Facultativo: Um parasita que pode viver tanto como um organismo de vida livre quanto como um parasita.

Ectoparasita: Um parasita que vive na superfície externa do hospedeiro (por exemplo, pulgas, piolhos).

Endoparasita: Um parasita que vive dentro do corpo do hospedeiro (por exemplo, ténias, lombrigas).

Mesoparasita: Parasita que vive parcialmente incorporado no corpo do hospedeiro (por exemplo, certos copépodes).

Transmissão e epidemiologia

Vetor: Um organismo, normalmente um artrópode, que transmite um parasita de um hospedeiro para outro (por exemplo, mosquitos para a malária).

Zoonose: Uma doença que pode ser transmitida de animais para seres humanos.

Antroponose: Doença que é transmitida do homem para os animais.

Prevalência: A proporção de uma população infetada com um determinado parasita num determinado momento.

Incidência: O número de novos casos de uma infeção parasitária que ocorrem numa população durante um período específico.

Termos de diagnóstico e tratamento

Microscopia: A utilização de um microscópio para identificar parasitas em amostras como sangue, fezes ou tecidos.

Serologia: O estudo e a utilização diagnóstica de anticorpos séricos para detetar infecções parasitárias.

Medicamentos antiparasitários: Medicamentos utilizados para tratar infecções parasitárias (por exemplo, antimaláricos, anti-helmínticos).

Profilaxia: Tratamento preventivo para proteção contra infecções parasitárias.

Imunologia e Patogénese

Patogenicidade: A capacidade de um parasita causar doença num hospedeiro.

Virulência: O grau de dano causado por um parasita ao seu hospedeiro.

Evasão imunitária: Estratégias utilizadas pelos parasitas para evitar a deteção e destruição pelo sistema imunitário do hospedeiro.

Variação antigénica: Alterações nas proteínas de superfície de um parasita para evitar a resposta imunitária do hospedeiro.

Termos específicos

Esquizogonia: Uma forma de reprodução assexuada em alguns protozoários parasitas, resultando na produção de múltiplos descendentes a partir de uma única célula.

Gametócito: Um estágio sexual no ciclo de vida de alguns parasitas (por exemplo, Plasmodium), que pode se diferenciar em gametas masculinos ou femininos.

Hemoparasita: Um parasita que vive no sangue do seu hospedeiro (por exemplo, Plasmodium, Trypanosoma).

Controlo e Prevenção

Saneamento: Medidas para manter a higiene e evitar a propagação de infecções parasitárias através de água, alimentos e solo contaminados.

Controlo de vectores: Estratégias para reduzir ou eliminar a população de vectores que transmitem parasitas (por exemplo, pulverização de insecticidas, redes mosquiteiras).

Vacinação: A utilização de vacinas para estimular o sistema imunitário do hospedeiro e proporcionar proteção contra infecções parasitárias específicas.

1.4. **Relevância da parasitologia nos países em desenvolvimento**

A parasitologia é particularmente relevante nos países em desenvolvimento devido à elevada prevalência de doenças parasitárias, que têm um impacto significativo na saúde pública, na produtividade económica e na qualidade de vida em geral. Eis algumas das principais razões pelas quais o estudo e a aplicação da parasitologia são cruciais nestas regiões:

1. Saúde pública

Elevada carga de doença: As doenças parasitárias como a malária, a esquistossomose e as infecções por vermes intestinais são endémicas em muitos países em desenvolvimento, contribuindo para elevadas taxas de morbilidade e mortalidade.

Saúde infantil: Parasitas como os vermes intestinais podem causar desnutrição, anemia e desenvolvimento cognitivo deficiente nas crianças, afectando o seu crescimento e potencial futuro.

Saúde materna: As mulheres grávidas são particularmente vulneráveis a certas infecções parasitárias, como a malária, que podem causar complicações graves, incluindo anemia, baixo peso à nascença e aumento das taxas de mortalidade tanto para as mães como para os bebés.

2. Impacto económico

Perda de produtividade: As doenças parasitárias podem levar a perdas económicas significativas devido à diminuição da produtividade das populações afectadas. A doença e a incapacidade causadas pelos parasitas reduzem a capacidade dos indivíduos para trabalhar e sustentar as suas famílias.

Custos dos cuidados de saúde: Os encargos financeiros do tratamento de infecções parasitárias podem ser substanciais para os indivíduos e para os sistemas de saúde nos países em desenvolvimento, que muitas vezes têm recursos limitados.

3. Educação e sensibilização

Educação da comunidade: A educação parasitológica pode ajudar a aumentar a sensibilização para a prevenção e o controlo das doenças parasitárias. Ensinar as comunidades sobre saneamento adequado, higiene e medidas preventivas pode reduzir as taxas de infeção.

Frequência escolar: A redução do peso das infecções parasitárias pode melhorar a assiduidade e o desempenho escolar, uma vez que as crianças são mais saudáveis e mais capazes de participar nas actividades educativas.

4. Investigação e desenvolvimento

Investigação local: Incentivar a investigação local no domínio da parasitologia ajuda a desenvolver soluções específicas para cada região e a reforçar as capacidades das comunidades científicas e médicas dos países em desenvolvimento.

Soluções inovadoras: A investigação em parasitologia pode levar ao desenvolvimento de novas ferramentas de diagnóstico, tratamentos e medidas preventivas que sejam acessíveis e eficazes em contextos locais.

5. Controlo e prevenção de doenças

Controlo dos vectores: A compreensão dos ciclos de vida e da transmissão dos parasitas ajuda a desenvolver estratégias eficazes de controlo dos vectores, como os mosquiteiros tratados com inseticida e a gestão ambiental para reduzir as populações de mosquitos.

Saneamento e qualidade da água: Melhorar o saneamento e o acesso à água potável pode reduzir significativamente a prevalência de infecções parasitárias transmitidas pela água e pelo solo.

6. Colaboração internacional e financiamento

Iniciativas de Saúde Global: A investigação e as intervenções em parasitologia atraem frequentemente financiamento e apoio internacionais, uma vez que o controlo das doenças parasitárias nos países em desenvolvimento é uma prioridade de saúde global.

Parcerias: A colaboração entre governos locais, organizações internacionais e instituições de investigação pode aumentar a eficácia dos programas de controlo de doenças parasitárias.

7. Benefícios veterinários e agrícolas

Saúde do gado: Os parasitas também afectam o gado, levando a perdas económicas para os agricultores. A parasitologia veterinária ajuda a melhorar a saúde e a produtividade dos animais, o que é crucial para a segurança alimentar e os meios de subsistência nas zonas rurais.

Impacto na agricultura: O controlo dos parasitas das plantas ajuda a proteger as culturas, garantindo a disponibilidade de alimentos e a estabilidade das populações locais.

8. Abordar a resistência aos medicamentos

Resistência aos antiparasitários: Monitorizar e gerir o aparecimento de parasitas resistentes aos medicamentos é essencial para manter a eficácia dos tratamentos existentes e desenvolver novos tratamentos.

Práticas sustentáveis: A promoção da utilização racional dos medicamentos antiparasitários ajuda a evitar a propagação da resistência e assegura a eficácia dos tratamentos a longo prazo.

1.5. Habitats e ambientes do parasita

Os parasitas habitam uma grande variedade de ambientes, cada um proporcionando as condições necessárias para a sua sobrevivência, desenvolvimento e transmissão. A compreensão destes habitats é crucial para o desenvolvimento de estratégias de controlo e prevenção de infecções parasitárias. Aqui está uma visão geral dos diversos habitats e ambientes onde os parasitas são normalmente encontrados:

1. Habitats dependentes do hospedeiro

1.1. Externos (Ectoparasitas)

Os ectoparasitas vivem na superfície externa dos seus hospedeiros. Estes parasitas estão tipicamente adaptados a ambientes específicos do hospedeiro e têm frequentemente estruturas especializadas para fixação e alimentação.

Exemplos:

Pulgas e piolhos: Vivem na pele e nos pêlos dos mamíferos.

Carraças: Fixam-se na pele de mamíferos, aves e répteis para se alimentarem de sangue.

Ácaros: Vivem na pele ou nos folículos pilosos de vários animais, incluindo os seres humanos.

Ambientes:

Pele e pelo: Os ectoparasitas encontram-se no pelo, nas penas ou na pele dos seus hospedeiros.

Ninhos e tocas: Alguns ectoparasitas, como certos ácaros, podem viver nos ninhos ou nas tocas dos seus hospedeiros.

1.2. Internos (Endoparasitas)

Os endoparasitas vivem no interior dos seus hospedeiros, habitando vários órgãos e tecidos internos. Estes parasitas têm frequentemente ciclos de vida complexos que podem envolver vários hospedeiros.

Exemplos:

Ténias e lombrigas: Residem nos intestinos dos vertebrados.

Plasmodium (Parasita da Malária): Vive no sangue e no fígado dos seres humanos.

Esquistossomas: Vivem nos vasos sanguíneos dos seus hospedeiros.

Ambientes:

Aparelho digestivo: Parasitas intestinais, como ténias e lombrigas.

Corrente sanguínea: Parasitas transmitidos pelo sangue, como o Plasmodium e o Trypanosoma.

Órgãos e tecidos: Vermes do fígado, vermes do pulmão e protozoários que vivem nos tecidos.

2. Habitats ambientais

2.1. Ambientes aquáticos

Muitos parasitas têm fases de vida aquática ou dependem de ambientes aquáticos para a sua transmissão. Os ecossistemas de água doce e marinhos fornecem habitats para vários organismos parasitas.

Exemplos:

Estágios larvais dos Trematódeos: Desenvolvem-se frequentemente em caracóis de água doce.

Parasitas dos peixes: Protozoários, nemátodos e crustáceos que infestam os peixes.

Ambientes:

Corpos de água doce: Lagos, rios, lagoas onde se encontram hospedeiros intermediários como caracóis e peixes.

Ambientes marinhos: Oceanos e mares que albergam parasitas de peixes e mamíferos marinhos.

2.2. Solos e ambientes terrestres

Os parasitas transmitidos pelo solo são predominantes em regiões com saneamento básico deficiente. Estes parasitas têm frequentemente fases de vida livre no solo antes de infectarem um hospedeiro.

Exemplos:

Ancilostomídeos e Ascaris: Helmintos transmitidos pelo solo que infectam os seres humanos.

Strongyloides: Um nemátodo que pode penetrar na pele a partir de solo contaminado.

Ambientes:

Solo: Solos quentes e húmidos nas regiões tropicais e subtropicais.

Raízes de plantas: Nemátodos que parasitam as raízes das plantas.

3. Habitats dependentes de vectores

Muitos parasitas dependem de vectores para a sua transmissão. Os vectores fornecem tanto um habitat como um meio de transporte para novos hospedeiros.

Exemplos:

Mosquitos: Vectores de malária, dengue e filariose.

Moscas tsé-tsé: Vectores do Trypanosoma (doença do sono).

Ambientes:

Insectos Vectores: Os habitats dos vectores incluem água parada para as larvas de mosquito e savanas para as moscas tsé-tsé.

Habitats do hospedeiro: Ambientes onde ocorrem interações entre o hospedeiro e o vetor, tais como povoações humanas e zonas de pastagem de animais.

4. Adaptações de nicho

Os parasitas apresentam adaptações específicas para se desenvolverem nos seus respectivos ambientes. Estas adaptações podem incluir caraterísticas morfológicas, fisiológicas e comportamentais.

Adaptações morfológicas:

Estruturas de fixação: Ganchos, ventosas e farpas para se fixarem aos hospedeiros (por exemplo, ténias, carraças).

Coberturas protectoras: Cutículas espessas ou paredes de quistos para resistir a ambientes agressivos (por exemplo, ovos de nemátodos, quistos de protozoários).

Adaptações fisiológicas:

Evasão imunitária: Mecanismos para escapar às respostas imunitárias do hospedeiro (por exemplo, variação antigénica no Plasmodium).

Flexibilidade metabólica: Capacidade de sobreviver em condições de baixo oxigénio ou pobres em nutrientes (por exemplo, metabolismo anaeróbico em parasitas intestinais).

Adaptações comportamentais:

Comportamento de procura de hospedeiro: Estratégias para encontrar e infetar hospedeiros (por exemplo, quimiotaxia em nemátodos).

Tempo do ciclo de vida: Sincronização das fases do ciclo de vida com a disponibilidade do hospedeiro (por exemplo, emergência sazonal das fases larvares).

1.6. Ciclos de vida e factores que controlam o desenvolvimento dos parasitas

Os parasitas apresentam uma vasta gama de ciclos de vida, envolvendo frequentemente múltiplos hospedeiros e fases de desenvolvimento complexas. Os dois principais tipos de ciclos de vida são os diretos e os indirectos, cada um com caraterísticas e mecanismos de transmissão e desenvolvimento distintos.

1. Ciclo de vida direto

Num ciclo de vida direto, o parasita completa o seu desenvolvimento e reprodução numa única espécie hospedeira. A transmissão ocorre normalmente por contacto direto, ingestão de fases infecciosas ou exposição ambiental.

Exemplos:

***Enterobius vermicularis* (Pinworm)**: Todo o ciclo de vida é completado no hospedeiro humano. Os ovos são ingeridos, as larvas eclodem nos intestinos e os adultos põem ovos à volta do ânus, que depois se propagam por contacto.

Ascaris lumbricoides: Os ovos são ingeridos a partir de solo contaminado, eclodem em larvas nos intestinos, migram para os pulmões e depois regressam aos intestinos para amadurecer e reproduzir-se.

Transmissão:

Ingestão de ovos ou larvas de alimentos, água ou solo contaminados.

Penetração direta da pele pelas larvas.

2. Ciclo de vida indireto

Num ciclo de vida indireto, o parasita necessita de várias espécies de hospedeiros para completar o seu desenvolvimento. Normalmente, o parasita tem um hospedeiro intermediário, onde sofre reprodução assexuada ou desenvolvimento larvar, e um hospedeiro definitivo, onde atinge a maturidade sexual e se reproduz.

Exemplos:

Plasmodium spp. (Malária): Os mosquitos são os hospedeiros definitivos onde ocorre a reprodução sexual, enquanto os seres humanos são os hospedeiros intermediários onde ocorre a reprodução assexuada.

Schistosoma spp. (vermes do sangue): Os caracóis servem de hospedeiros intermédios, onde as larvas se desenvolvem, e os seres humanos são os hospedeiros definitivos, onde os vermes adultos se reproduzem.

Transmissão:

Transmissão por vectores através de insectos como os mosquitos ou as carraças.

Ingestão de hospedeiros intermediários ou larvas de alimentos ou água contaminados.

Penetração da pele por larvas libertadas de hospedeiros intermediários.

Factores que controlam o desenvolvimento de parasitas

O desenvolvimento dos parasitas é influenciado por uma variedade de factores biológicos, ambientais e relacionados com o hospedeiro. Estes factores podem afetar o crescimento, a reprodução, a sobrevivência e a transmissão dos parasitas.

1. Factores biológicos

Variação genética: A diversidade genética nas populações de parasitas pode influenciar a sua adaptabilidade, virulência e resistência aos tratamentos.

Complexidade do ciclo de vida: A complexidade do ciclo de vida de um parasita pode afetar a sua capacidade de sobrevivência e reprodução. Os parasitas com ciclos de vida complexos podem enfrentar mais desafios, mas podem explorar múltiplos nichos ecológicos.

2. Factores ambientais

Temperatura e clima: Muitos parasitas são sensíveis à temperatura e às condições climatéricas. Por exemplo, a transmissão da malária é maior em climas quentes e húmidos, onde os mosquitos se desenvolvem.

Humidade e humidade: Os parasitas em ambientes aquáticos ou que requerem condições de humidade, como os caracóis para os esquistossomas, são influenciados pelos níveis de humidade.

Variações sazonais: As alterações sazonais podem afetar a disponibilidade de hospedeiros, vectores e condições ambientais, influenciando o ciclo de vida e a dinâmica de transmissão dos parasitas.

3. Factores relacionados com o acolhimento

Resposta imunitária do hospedeiro: O sistema imunitário do hospedeiro pode ter impacto no desenvolvimento e sobrevivência do parasita. Alguns parasitas desenvolveram mecanismos para evitar ou suprimir a resposta imunitária do hospedeiro.

Comportamento do hospedeiro: Os comportamentos humanos e animais, tais como práticas de higiene, actividades agrícolas e padrões de movimento, podem influenciar a exposição a parasitas e o risco de infeção.

Estado nutricional: O estado nutricional do hospedeiro pode afetar a suscetibilidade a infecções parasitárias e a capacidade do parasita para se desenvolver no hospedeiro.

4. Factores ecológicos e sociais

Saneamento e higiene: As más práticas de saneamento e higiene aumentam o risco de exposição a infecções parasitárias, especialmente as que têm ciclos de vida diretos.

Acesso a cuidados de saúde: A disponibilidade de tratamento médico e de medidas preventivas, tais como medicamentos antiparasitários e programas de controlo de vectores, pode reduzir significativamente a prevalência e o impacto das doenças parasitárias.

Situação socioeconómica: A pobreza e a falta de acesso a água potável, saneamento e instalações de cuidados de saúde são os principais factores que contribuem para a elevada prevalência de infecções parasitárias nas regiões em desenvolvimento.

2. Protozologia

2.1. Introdução

A protozoologia é o ramo da microbiologia e da parasitologia que se centra no estudo dos protozoários, que são organismos eucarióticos unicelulares. Estes microrganismos podem habitar uma variedade de ambientes e podem ser de vida livre ou parasitas. Os protozoários desempenham papéis importantes nos sistemas ecológicos, na saúde humana e nas doenças. Esta introdução fornece uma visão geral dos protozoários, sua classificação, morfologia, ciclos de vida e importância.

O que são protozoários?

Os protozoários são organismos unicelulares diversos que pertencem ao reino Protista. São caracterizados pela sua estrutura celular eucariótica, que inclui um núcleo verdadeiro e vários organelos. Os protozoários podem ser encontrados em quase todos os habitats possíveis onde a humidade está presente, incluindo o solo, a água e como simbiontes ou parasitas nos corpos de animais e humanos.

Classificação dos Protozoários

Os protozoários são classificados com base nos seus mecanismos de movimento, ciclos de vida e modos de reprodução. Os principais grupos de protozoários incluem:

Amoeboides (Sarcodina): Estes protozoários deslocam-se e capturam alimentos através de pseudópodes (projecções temporárias do seu citoplasma).

Exemplo: *A Entamoeba histolytica*, que causa a disenteria amebiana nos seres humanos.

Flagelados (Mastigophora): Estes protozoários deslocam-se utilizando um ou mais flagelos (apêndices longos, semelhantes a chicotes).

Exemplo: *Giardia lamblia*, que causa a giardíase, uma infeção intestinal comum.

Ciliados (Ciliophora): Estes protozoários deslocam-se através de numerosas estruturas curtas, semelhantes a pêlos, denominadas cílios.

Exemplo: *Balantidium coli*, que causa a balantidíase, uma infeção intestinal.

Apicomplexa (Sporozoa): Estes protozoários são, na sua maioria, não-móveis e são parasitas obrigatórios com ciclos de vida complexos, envolvendo frequentemente múltiplos hospedeiros.

Exemplo: *Plasmodium spp.*, que causam a malária.

Morfologia dos Protozoários

Os protozoários apresentam uma grande variedade de morfologias, adaptadas aos seus modos de vida e ambientes específicos. As caraterísticas morfológicas comuns incluem:

Núcleo: Contém o material genético e controla as funções celulares.

Citoplasma: Dividido em ectoplasma (camada externa) e endoplasma (camada interna), abrigando vários organelos.

Organelos: Estruturas especializadas como as mitocôndrias (produção de energia), vacúolos contrácteis (osmorregulação) e vacúolos alimentares (digestão).

Os protozoários podem ter várias formas, incluindo formas esféricas, alongadas ou irregulares. As suas membranas celulares podem ser flexíveis ou rígidas, por vezes reforçadas por uma película ou teste (concha).

Ciclos de vida dos protozoários

Os protozoários podem ter ciclos de vida simples ou complexos, que podem envolver um ou mais hospedeiros. Os principais aspectos dos ciclos de vida dos protozoários incluem:

Fase de trofozoíto: A fase ativa, de alimentação e de reprodução.

Estágio de cisto: Um estágio dormente e resistente que permite a sobrevivência em condições adversas e a transmissão entre hospedeiros.

A reprodução pode ser assexuada (fissão binária, fissão múltipla) ou sexuada (conjugação, gametogonia). Muitos protozoários, especialmente as espécies parasitas, passam por fases assexuadas e sexuais nos seus ciclos de vida.

Importância dos Protozoários

Importância ecológica

Ciclo de nutrientes: Os protozoários desempenham um papel crucial no ciclo de nutrientes, decompondo a matéria orgânica e reciclando os nutrientes nos ecossistemas.

Teias alimentares: São um componente vital das redes alimentares aquáticas e do solo, servindo tanto como predadores como presas.

Importância médica

Agentes patogénicos: Muitos protozoários são importantes agentes patogénicos para o ser humano, causando doenças como a malária, a amebíase, a giardíase e a leishmaniose.

Modelos de investigação: Os protozoários, como o *Tetrahymena* e *o Paramecium*, são organismos modelo na investigação biológica, contribuindo para a nossa compreensão dos processos celulares.

Importância económica

Agricultura: Os protozoários parasitas podem afetar o gado e as culturas, levando a perdas económicas na agricultura.

Biotecnologia: Alguns protozoários são utilizados em aplicações biotecnológicas, como o tratamento de águas residuais e a bioremediação.

2.2. Ameba parasita,

Várias espécies de protozoários do género *Entamoeba* colonizam os seres humanos, mas nem todas estão associadas a doenças. *A Entamoeba histolytica* é bem reconhecida como uma ameba patogénica, associada a infecções intestinais e extra-intestinais. Outras *Entamoeba* spp. morfologicamente idênticas, incluindo *E. dispar, E. moshkovskii* e *E. bangladeshi,* não estão geralmente associadas a doenças, embora estejam em curso investigações sobre o potencial patogénico. Embora as espécies discutidas sejam morfologicamente idênticas, *a E. histolytica* pode ser observada com glóbulos vermelhos ingeridos (eritrofagocitose); *a E. dispar* também pode ser ocasionalmente observada com eritrócitos ingeridos, embora a sua capacidade de eritrofagocitose seja muito inferior à da *E. histolytica.* As amebas não patogénicas (por exemplo, *Endolimax nana, Iodamoeba buetschlii,* outras espécies de *Entamoeba*) são importantes porque podem ser confundidas com *E. histolytica* em investigações de diagnóstico.

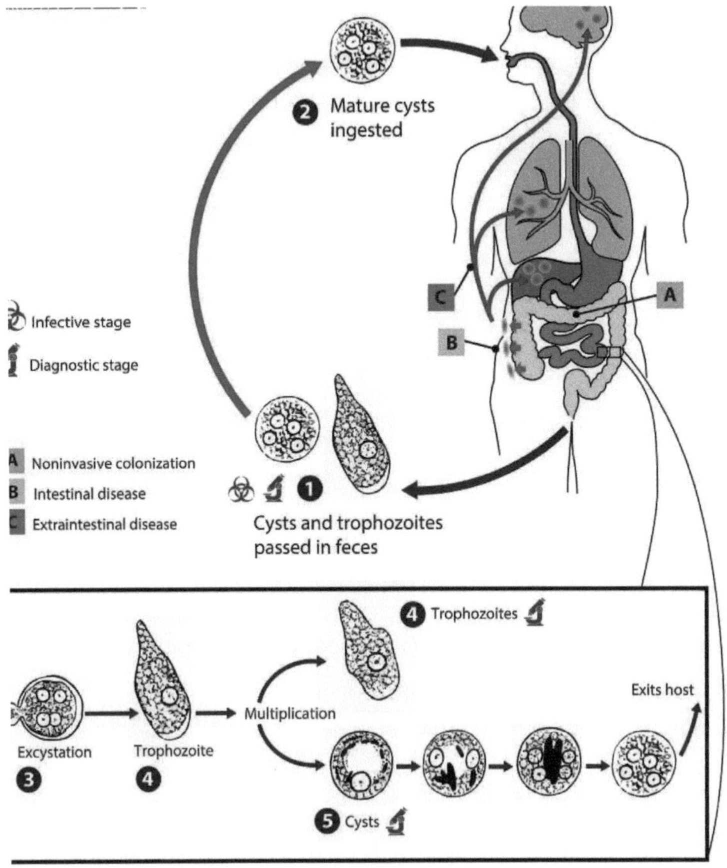

Figura 1: Ciclo de vida *histolótico da Entameoba.*

Os quistos e trofozoítos são eliminados nas fezes ❶. Os cistos são encontrados tipicamente em fezes formadas, enquanto os trofozoítos são encontrados tipicamente em fezes diarreicas. A infeção com *Entamoeba histolytica* (e *E.dispar*) ocorre através da ingestão de cistos maduros ❷ de alimentos, água ou mãos contaminados com fezes. Também pode ocorrer exposição a quistos infecciosos e trofozoítos em matéria fecal durante o contacto sexual. Excistação ❸ ocorre no intestino delgado e os trofozoítos ❹ são libertados, que migram para o intestino grosso. Os trofozoítos podem permanecer confinados ao lúmen intestinal (A: infeção não invasiva), com os indivíduos a continuarem a eliminar quistos nas fezes (portadores assintomáticos). Os trofozoítos podem invadir a mucosa intestinal (B: doença intestinal) ou os vasos sanguíneos, atingindo locais extra-intestinais como o fígado, o cérebro e os pulmões (C: doença extra-intestinal). Os trofozoítos multiplicam-se por fissão binária e produzem quistos ❺ e ambas as fases são eliminadas nas fezes ❶. Os quistos podem sobreviver dias a semanas no ambiente externo e permanecem infecciosos no ambiente devido à proteção conferida pelas suas paredes. Os trofozoítos que passam nas fezes são rapidamente destruídos uma vez fora do corpo e, se ingeridos, não sobreviveriam à exposição ao ambiente gástrico.

As amebas parasitas são organismos protozoários que podem causar várias doenças em seres humanos e animais. Estas amebas pertencem ao filo

Sarcomastigophora, subclasse Sarcodina, e são caracterizadas pela sua capacidade de formar pseudópodes para se moverem e se alimentarem. As amebas parasitas mais conhecidas incluem *a Entamoeba histolytica*, que causa a amebíase, e outras espécies menos comuns que podem levar a problemas de saúde graves. Aqui está uma visão geral das amebas parasitas, sua biologia e sua importância na saúde humana.

Principais amebas parasitas

1. *Entamoeba histolytica*

Doença: Amebíase (disenteria amebiana)

Morfologia:

Estágio de trofozoíto: Forma ativa de alimentação, medindo 15-20 µm, com um único núcleo e um cariossoma central distinto.

Estágio de cisto: Forma dormente e resistente, geralmente com 10-15 µm, contendo até quatro núcleos, e capaz de sobreviver a condições ambientais adversas.

Ciclo de vida:

A infeção ocorre através da ingestão de cistos maduros em alimentos ou água contaminados.

Os quistos excistam no intestino delgado, libertando trofozoítos.

Os trofozoítos colonizam o intestino grosso, causando danos nos tecidos e úlceras.

Os trofozoítos encistam e são excretados nas fezes, continuando o ciclo.

Patogénese:

Os trofozoítos invadem a mucosa intestinal, causando úlceras e disenteria.

Pode espalhar-se para o fígado, pulmões e outros órgãos, causando abcessos.

Diagnóstico:

Exame microscópico de amostras de fezes para deteção de quistos e trofozoítos.

Testes serológicos e técnicas moleculares de confirmação.

2. *Naegleria fowleri*

Doença: Meningoencefalite amebiana primária (PAM)

Morfologia:

Estágio de trofozoíto: Ativo, forma de alimentação, 10-35 µm, com um único núcleo e pseudópodes largos.

Estágio do cisto: Forma resistente, esférica, 7-15 µm, encontrada em ambientes agressivos.

Ciclo de vida:

Encontrada em ambientes quentes de água doce, como lagos e fontes termais.

A infeção ocorre quando a água que contém trofozoítos é inalada pelo nariz.

Os trofozoítos migram para o cérebro através do nervo olfativo, causando inflamação grave e necrose.

Patogénese:

Progride rapidamente para meningoencefalite, caracterizada por dor de cabeça, febre, náuseas e coma.

Frequentemente fatal poucos dias após o início dos sintomas.

Diagnóstico:

Deteção de trofozoítos no líquido cefalorraquidiano (LCR) através de microscopia.

Técnicas de PCR e imunofluorescência para confirmação.

3. *Acanthamoeba* spp.

Doença: *Ceratite por Acanthamoeba, Encefalite Amebiana Granulomatosa* (GAE)

Morfologia:

Estágio de trofozoíto: Ativo, forma de alimentação, 15-45 µm, com projecções semelhantes a espinhos (acantópodes).

Fase de quisto: Forma resistente, de parede dupla, tipicamente 15-20 µm, pode sobreviver em condições extremas.

Ciclo de vida:

Encontrado no solo, na água e no ar.

A infeção ocorre através do contacto com água contaminada, solo ou lentes de contacto mal desinfectadas.

Os trofozoítos invadem a córnea ou o sistema nervoso central (SNC).

Patogénese:

Ceratite por Acanthamoeba: Provoca úlceras na córnea, dor e perda de visão, principalmente em utilizadores de lentes de contacto.

GAE: Afecta indivíduos imunocomprometidos, levando a uma infeção crónica do SNC com sintomas como dores de cabeça, convulsões e confusão.

Diagnóstico:

Raspagem e biópsia da córnea para ceratite.

Biópsia cerebral e análise do LCR para GAE.

Microscopia, cultura e métodos moleculares de identificação.

Factores que contribuem para as infecções por amebas parasitárias

Água e alimentos contaminados: As más práticas de saneamento e higiene facilitam a transmissão de quistos.

Exposição ambiental: As actividades que envolvem massas de água doce, como a natação em lagos e fontes termais, aumentam o risco de exposição.

Estado imunocomprometido: Os indivíduos com sistemas imunitários enfraquecidos são mais susceptíveis a infecções graves.

Cuidados inadequados com as lentes de contacto: A utilização de soluções não esterilizadas e práticas incorrectas de higiene das lentes aumentam o risco de queratite por Acanthamoeba.

Prevenção e controlo

Saneamento e higiene: Garantir o acesso a água limpa, saneamento adequado e promover boas práticas de higiene pode reduzir a transmissão de amebas parasitas.

Tratamento da água: O tratamento das fontes de água de recreio e da água potável pode ajudar a eliminar as amebas patogénicas.

Cuidados com as lentes de contacto: A desinfeção e o manuseamento adequados das lentes de contacto são cruciais para prevenir infecções por Acanthamoeba.

Sensibilização e educação: A educação para a saúde pública sobre os riscos e a prevenção das infecções amebianas é essencial.

2.3. Ciliados parasitas

Os ciliados parasitas são um grupo de organismos protozoários pertencentes à classe Ciliophora. Caracterizam-se pela sua capacidade de se deslocarem e capturarem alimentos através de numerosas estruturas semelhantes a pêlos, denominadas cílios. Estes ciliados podem ser encontrados em vários ambientes, incluindo habitats aquáticos e nos corpos de animais, onde podem causar doenças que vão desde infecções ligeiras a condições graves. Aqui está uma visão geral de alguns ciliados parasitas importantes, a sua biologia, ciclos de vida e significado na saúde humana e animal.

Principais Ciliados Parasitas

1. *Balantidium coli*

Doença: Balantidíase

Morfologia:

Fase de trofozoíto: Organismo grande, de forma oval, com 50-200 µm de comprimento, coberto de cílios para movimento e alimentação.

Estágio de cisto: Forma resistente, esférica, encontrada no ambiente, tipicamente 50-70 µm.

Ciclo de vida:

A transmissão ocorre através da ingestão de quistos presentes em alimentos ou água contaminados.

Os quistos sobrevivem à passagem pelo estômago e libertam trofozoítos no intestino grosso.

Os trofozoítos colonizam o cólon, causando ulceração e inflamação.

Patogénese:

Pode levar a disenteria com sintomas como diarreia (por vezes com sangue), dores abdominais e febre.

Em casos graves, pode causar perfuração da parede intestinal e disseminação sistémica.

Diagnóstico:

Exame microscópico de amostras de fezes para deteção de quistos e trofozoítos.

Testes serológicos e métodos moleculares de confirmação.

2. *Ichthyophthirius multifiliis*

Doença: *Ictioftiríase* (Doença da Mancha Branca)

Morfologia:

Estágio de Trophont: Grande, arredondado, coberto de cílios, fixa-se à pele ou às brânquias do peixe.

Fase de Tomonte: Os quistos libertados pelos trofontes fixam-se nas superfícies e dividem-se em numerosas fases infecciosas (terontes).

Ciclo de vida:

Encontrado em tanques e lagos de peixes de água doce.

Os trofontes fixam-se aos peixes e alimentam-se dos seus tecidos.

Os tomonts libertam theronts que procuram ativamente e infectam novos peixes hospedeiros.

Patogénese:

Causa manchas brancas (quistos) na pele e nas guelras dos peixes, provocando irritação, infecções secundárias e morte em casos graves.

Impacto económico na aquicultura devido à mortalidade e aos custos de tratamento.

Diagnóstico:

Sinais clínicos nos peixes (manchas brancas).

Exame microscópico de raspagens da pele ou das brânquias para deteção de trofontes e quistos.

Factores que contribuem para as infecções por ciliados parasitas

Condições ambientais: Presença de habitats adequados (massas de água) para o desenvolvimento e transmissão do parasita.

Suscetibilidade do hospedeiro: Suscetibilidade específica da espécie às infecções com base na resposta imunitária e nos factores de stress ambiental.

Práticas de aquacultura: A má qualidade da água, a sobrelotação e o stress podem aumentar a suscetibilidade a infecções nas populações de peixes.

Higiene e saneamento: Práticas corretas de saneamento e gestão da qualidade da água são cruciais na prevenção de surtos em ambientes de aquacultura.

Prevenção e controlo

Gestão da água: Monitorização e manutenção regulares da qualidade da água nos sistemas de aquacultura para minimizar a sobrevivência e a transmissão de parasitas.

Quarentena: Colocar em quarentena os peixes recém-chegados para evitar a introdução de parasitas nas populações estabelecidas.

Tratamento: Utilização de medicamentos e tratamentos antiparasitários aprovados para utilização na aquicultura para controlar as infecções.

Educação: Formação de aquacultores em práticas de gestão adequadas, incluindo higiene, alimentação e redução do stress, para melhorar a saúde dos peixes e reduzir a suscetibilidade a doenças.

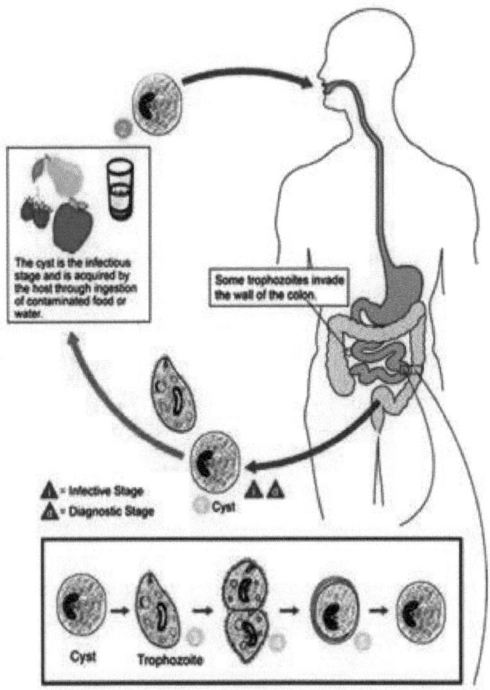

Figura 2. Ciclo de vida de *Balantidium coli*

2.4. Flagelados intestinais, orais e vaginais

Flagelados intestinais

Os flagelados intestinais são um grupo de protozoários parasitas que residem no trato gastrointestinal de humanos e animais. Caracterizam-se pela sua motilidade, facilitada pelos flagelos - apêndices longos, semelhantes a chicotes, que se estendem dos seus corpos celulares. Estes organismos podem ser comensais (não prejudiciais) ou patogénicos, causando uma série de doenças gastrointestinais. Apresentamos aqui uma visão geral centrada em alguns flagelados intestinais comuns, as suas caraterísticas, significado clínico e considerações de diagnóstico:

Flagelados intestinais comuns

1. *Giardia lamblia*

Doença: Giardíase

Morfologia:

Estágio de trofozoíto: Em forma de lágrima com dois núcleos, flagelos e um disco adesivo para fixação. Os tamanhos variam de 10-20 µm.

Estágio de cisto: Forma oval, resistente ao ambiente, com uma parede exterior protetora, tipicamente com 8-14 µm de tamanho.

Ciclo de vida:

Transmissão: Ingestão de quistos através de alimentos ou água contaminados.

Patogénese: Os trofozoítos fixam-se no revestimento intestinal, causando inflamação, má absorção e sintomas como diarreia, cólicas abdominais e inchaço.

Diagnóstico: Exame microscópico de amostras de fezes para deteção de quistos ou trofozoítos, testes de deteção de antigénios (ELISA) e PCR para confirmação.

2. Trichomonas intestinalis

Doença: Não patogénica na maioria dos casos; pode causar sintomas gastrointestinais ligeiros.

Morfologia:

Estágio de trofozoíto: Em forma de pera, com 5-20 µm de comprimento, com três a cinco flagelos anteriores e uma membrana ondulante.

Estágio de cisto: Não é tipicamente observado; existe principalmente na forma de trofozoíto.

Ciclo de vida:

Transmissão: Ingestão de trofozoítos através de alimentos ou água contaminados.

Patogénese: Geralmente considerado não patogénico, mas pode causar sintomas gastrointestinais ligeiros como diarreia ou flatulência em alguns indivíduos.

Diagnóstico: Exame microscópico de amostras de fezes frescas para deteção de trofozoítos móveis, técnicas de cultura ou métodos moleculares para confirmação.

Significado clínico

Epidemiologia: Os flagelados intestinais são prevalentes em todo o mundo, especialmente em áreas com más práticas de saneamento e higiene.

Transmissão: A via fecal-oral é a principal forma de transmissão, frequentemente associada a fontes de água ou alimentos contaminados.

Factores de risco: As viagens para regiões endémicas, o estado imunocomprometido e a falta de higiene aumentam a suscetibilidade à infeção.

Considerações de diagnóstico

Microscopia: A visualização direta de quistos ou trofozoítos em amostras de fezes é um método de diagnóstico comum.

Deteção de antigénios: Testes ELISA dirigidos a antigénios específicos de flagelados para um diagnóstico rápido.

Métodos moleculares: Ensaios de PCR para a deteção sensível e específica de ADN de flagelados em amostras clínicas.

Tratamento e prevenção

Tratamento: Os medicamentos antimicrobianos, como o metronidazol ou o tinidazol, são eficazes contra os flagelados patogénicos.

Prevenção: A melhoria do saneamento, a prática de um manuseamento seguro da água potável e dos alimentos e a prevenção da exposição a ambientes contaminados são medidas preventivas fundamentais.

Giardíase

Ciclo de vida:

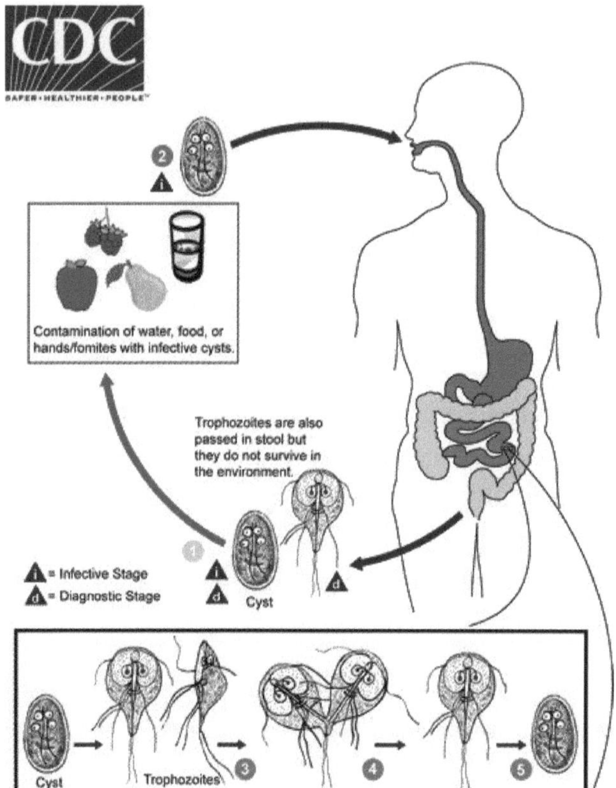

Figura 3. Ciclos de vida *da Girdia lambilia*

Os quistos são formas resistentes e são responsáveis pela transmissão da giardíase. Tanto os quistos como os trofozoítos podem ser encontrados nas fezes (fases de diagnóstico) ①. Os quistos são resistentes e podem sobreviver vários meses em água fria. A infeção ocorre pela ingestão de cistos em água ou alimentos contaminados ou pela via fecal-oral (mãos ou fômites) ②. No intestino delgado, a excitação liberta trofozoítos (cada quisto produz dois trofozoítos) ③. Os trofozoítos multiplicam-se por fissão binária longitudinal, permanecendo no lúmen do intestino delgado proximal, onde podem ficar livres ou fixados à mucosa por um disco de sucção ventral ④. A encistamento ocorre à medida que os parasitas transitam em direção ao cólon. O cisto é o estágio mais comumente encontrado em fezes não diarreicas [5]. Uma vez que os quistos são infecciosos quando passados nas fezes ou pouco depois, é possível a transmissão de pessoa para pessoa. Embora os animais estejam infectados com *Giardia*, a sua importância como reservatório não é clara.

O espetro varia desde o transporte assintomático até à diarreia grave e à má absorção. A giardíase aguda desenvolve-se após um período de incubação de 1 a 14 dias (média de 7 dias) e dura normalmente 1 a 3 semanas. Os sintomas incluem diarreia, dor abdominal, inchaço, náuseas e vómitos. Na giardíase crónica, os sintomas são recorrentes e pode ocorrer má absorção e debilitação.

Flagelados orais

Os flagelados orais são um grupo de protozoários que se encontram na cavidade oral. Estes protozoários são caracterizados pela presença de um ou mais flagelos, que são estruturas em forma de chicote que lhes permitem mover-se. Aqui estão alguns pontos-chave sobre os flagelados orais:

Géneros comuns: Alguns dos géneros comuns de flagelados orais incluem *Trichomonas* e *Giardia. O Trichomonas tenax* é frequentemente encontrado na boca humana e é tipicamente não patogénico.

Habitat: Estes protozoários encontram-se normalmente na cavidade oral, particularmente em áreas onde existe muita placa dentária ou em bolsas periodontais. Desenvolvem-se no ambiente quente e húmido da boca.

Morfologia: Os flagelados orais variam em tamanho e forma, mas normalmente têm um ou mais flagelos, que são usados para o movimento. Eles também podem ter outras estruturas especializadas, como membranas onduladas.

Papel na saúde oral: Embora muitos flagelados orais sejam inofensivos, alguns podem estar associados a doenças orais. Por exemplo, *Trichomonas tenax* tem sido encontrado em maior número em indivíduos com má higiene oral ou doença periodontal.

Diagnóstico e deteção: Os flagelados orais podem ser detectados através do exame microscópico de esfregaços orais ou de amostras de placas. Podem ser utilizadas técnicas especiais de coloração ou métodos de cultura para identificar espécies específicas.

Tratamento: Na maioria dos casos, os flagelados orais não requerem tratamento. No entanto, se estiverem associados a infecções orais ou a outros problemas de saúde, melhorar a higiene oral e possivelmente utilizar tratamentos antimicrobianos pode ajudar a reduzir o seu número.

Os flagelados orais são apenas uma parte da comunidade microbiana diversificada da boca humana, que inclui bactérias, vírus, fungos e outros protozoários. Manter uma boa higiene oral é crucial para manter estes microorganismos em equilíbrio e prevenir doenças orais.

Tricomoníase

O Trichomonas vaginalis, um flagelado, é o protozoário patogénico mais comum dos seres humanos nos países industrializados

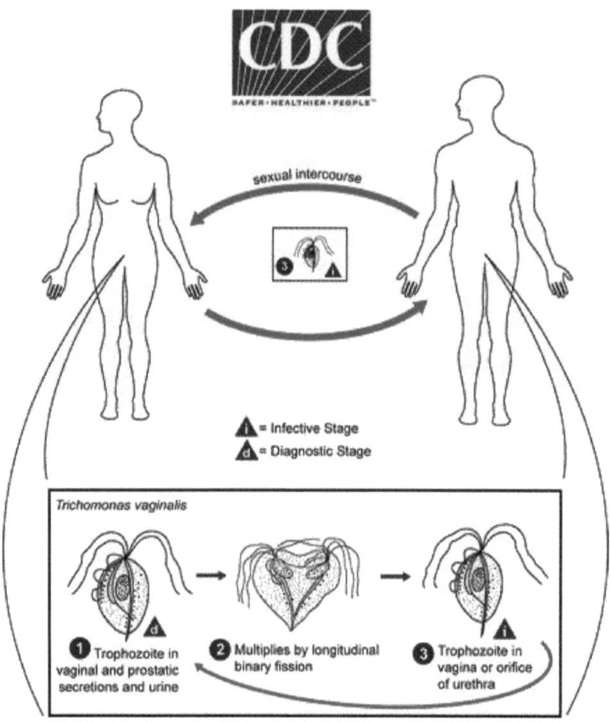

Figura 4. ***Trichomonas vaginalis, ciclo de vida***

Trichomonas vaginalis reside no trato genital inferior feminino e na uretra e próstata masculinas ❶onde se reproduz por fissão binária ❷. O parasita não parece ter uma forma de quisto e não sobrevive bem no ambiente externo. *Trichomonas vaginalis* é transmitido entre os seres humanos, seu único hospedeiro conhecido, principalmente por relações sexuais ❸.

Os flagelados vaginais são protozoários que habitam o ambiente vaginal e se caracterizam pela presença de flagelos, que auxiliam na sua movimentação. O flagelado vaginal mais conhecido é o *Trichomonas vaginalis*, que é o agente causador da tricomoníase, uma infeção sexualmente transmissível (IST) comum. Aqui estão alguns pontos-chave sobre os flagelados vaginais:

Trichomonas vaginalis: Esta é a principal espécie de flagelado vaginal e é responsável pela tricomoníase.

Morfologia: *O Trichomonas vaginalis* é um protozoário em forma de pera com quatro flagelos anteriores e um flagelo posterior, que está incorporado numa membrana ondulante. Esta estrutura permite-lhe mover-se de forma caraterística e irregular.

Transmissão: A tricomoníase é transmitida principalmente através do contacto sexual. O parasita pode infetar o trato urogenital tanto de homens como de mulheres, embora as mulheres apresentem mais frequentemente sintomas.

Sintomas: Nas mulheres, a tricomoníase pode causar comichão, ardor, vermelhidão ou dor nos órgãos genitais, desconforto ao urinar e um corrimento fino com um cheiro invulgar. Os homens podem sentir irritação no interior do pénis, um ligeiro corrimento ou um ligeiro ardor após urinar ou ejacular, embora muitos homens sejam assintomáticos.

Diagnóstico: O diagnóstico da tricomoníase pode ser feito através de exame microscópico das secreções vaginais ou uretrais, métodos de cultura ou testes de amplificação de ácidos nucleicos (NAAT), que são altamente sensíveis e específicos.

Tratamento: O tratamento padrão para a tricomoníase é um curso de metronidazol ou tinidazol oral. Ambos os parceiros sexuais devem ser tratados simultaneamente para evitar a reinfeção.

Prevenção: As medidas preventivas incluem a prática de sexo seguro através da utilização de preservativos, a limitação do número de parceiros sexuais e a realização de exames regulares às IST, especialmente para indivíduos sexualmente activos.

Impacto na saúde: Se não for tratada, a tricomoníase pode aumentar o risco de contrair ou transmitir outras IST, incluindo o VIH. Nas mulheres grávidas, pode levar a um parto prematuro e a um baixo peso à nascença.

Tricomoníase

O Trichomonas vaginalis, um flagelado, é o protozoário patogénico mais comum dos seres humanos nos países industrializados.

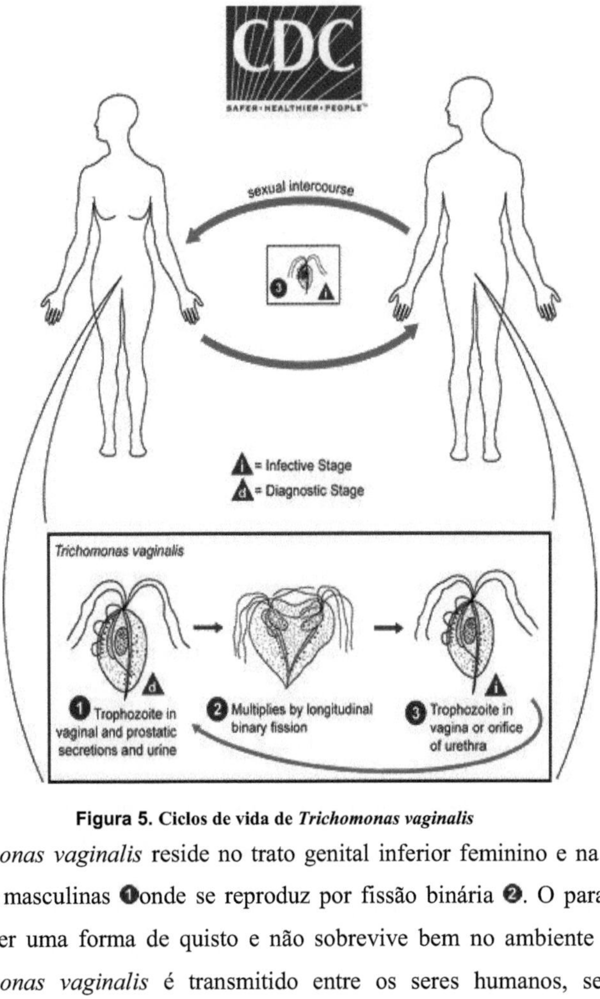

Figura 5. Ciclos de vida de *Trichomonas vaginalis*

Trichomonas vaginalis reside no trato genital inferior feminino e na uretra e próstata masculinas ❶onde se reproduz por fissão binária ❷. O parasita não parece ter uma forma de quisto e não sobrevive bem no ambiente externo. *Trichomonas vaginalis* é transmitido entre os seres humanos, seu único hospedeiro conhecido, principalmente por relações sexuais ❸.

2.5. Flagelados do sangue e dos tecidos

Os flagelados sanguíneos são protozoários parasitas que habitam principalmente a corrente sanguínea dos seus hospedeiros. Estes parasitas são frequentemente transmitidos por insectos vectores e podem causar doenças graves. Os flagelados sanguíneos mais notáveis são espécies de *Trypanosoma*. Aqui estão os principais detalhes sobre esses organismos:

Espécies de Trypanosoma

Trypanosoma brucei

Doença: Tripanossomíase africana (doença do sono)

Subespécie:

Trypanosoma brucei gambiense: Causa a doença do sono crónica da África Ocidental

Trypanosoma brucei rhodesiense: Causa a doença do sono aguda da África Oriental

Vetor: Mosca tsé-tsé (género *Glossina*)

Distribuição geográfica: África Subsaariana

Ciclo de vida: Envolve a mosca tsé-tsé e o homem ou outros mamíferos. O parasita passa por várias fases de desenvolvimento, tanto no vetor como no hospedeiro.

Sintomas:

Fase inicial: Febre, dores de cabeça, dores nas articulações, comichão

Fase tardia: Sintomas neurológicos como confusão, falta de coordenação, perturbações do sono e, eventualmente, coma se não for tratada

Diagnóstico: Exame microscópico do sangue, aspirados de gânglios linfáticos ou líquido cefalorraquidiano; testes serológicos como o CATT (Card Agglutination Test for Trypanosomiasis)

Tratamento:

Fase inicial: Pentamidina (para *T.b. gambiense*) ou suramina (para *T.b. rhodesiense*)

Fase tardia: Melarsoprol ou eflornitina (frequentemente combinado com nifurtimox para *T.b. gambiense*)

Trypanosoma cruzi

Doença: Doença de Chagas (tripanossomíase americana)

Vetor: Triatomíneos (insectos que se beijam)

Distribuição geográfica: América Latina, com aumento de casos em áreas não endémicas devido à migração

Ciclo de vida: Envolve o inseto triatomíneo e os seres humanos ou outros mamíferos. O parasita passa por várias fases de desenvolvimento, tanto no vetor como no hospedeiro.

Sintomas:

Fase aguda: Febre, inchaço no local da infeção (chagoma) e sinal de Romana (inchaço unilateral da pálpebra)

Fase crónica: Pode levar a problemas cardíacos graves (cardiomiopatia), perturbações do sistema digestivo (megacólon, megaesófago) e complicações neurológicas

Diagnóstico: Esfregaço de sangue na fase aguda; testes serológicos, PCR e xenodiagnóstico para a infeção crónica

Tratamento: Medicamentos antiparasitários como o benznidazol e o nifurtimox; o tratamento é mais eficaz durante a fase aguda

Caraterísticas gerais

Morfologia: Os flagelados sanguíneos exibem várias formas morfológicas ao longo do seu ciclo de vida, incluindo tripomastigotas (forma móvel encontrada no sangue) e amastigotas (forma intracelular encontrada nos tecidos).

Transmissão: Normalmente ocorre através da picada de um vetor infetado. No caso do *T. cruzi*, a transmissão também pode ocorrer através de alimentos contaminados, transfusões de sangue, transplantes de órgãos e de mãe para filho durante a gravidez.

Diagnóstico: Muitas vezes envolve a deteção do parasita em amostras de sangue, mas também pode incluir testes serológicos, métodos moleculares (PCR) e técnicas de coloração específicas.

Prevenção e controlo: Inclui medidas de controlo dos vectores (insecticidas, mosquiteiros, gestão ambiental), rastreio das dádivas de sangue, melhoria das condições de habitação para reduzir o contacto com os vectores e educação para a saúde pública para sensibilizar para as estratégias de prevenção.

Impacto na saúde

Morbidade e mortalidade: Estas doenças podem causar morbilidade e mortalidade significativas se não forem devidamente tratadas. As fases crónicas destas doenças podem provocar lesões graves nos órgãos e incapacidade.

Desafio para a saúde pública: O controlo destas doenças exige esforços coordenados de controlo dos vectores, infra-estruturas de cuidados de saúde, educação dos doentes e investigação contínua para desenvolver melhores métodos de diagnóstico e tratamentos.

Tripanossomíase africana **(doença do sono)**

A tripanossomíase africana, também conhecida como doença do sono, é uma doença parasitária causada por protozoários da espécie *Trypanosoma brucei*. É transmitida pela picada de uma mosca tsé-tsé infetada (género *Glossina*). Existem duas formas da doença, cada uma causada por uma subespécie diferente do parasita: *Trypanosoma brucei gambiense* (doença do sono da África Ocidental) e *Trypanosoma brucei rhodesiense* (doença do sono da África Oriental).

Epidemiologia

Distribuição geográfica:

Trypanosoma brucei gambiense: Encontrado na África Ocidental e Central. Esta forma é responsável por mais de 90% dos casos registados.

Trypanosoma brucei rhodesiense: Encontrado na África Oriental e Austral.

Vetor: Mosca tsé-tsé (género *Glossina*). A mosca é encontrada em áreas rurais, especialmente aquelas com vegetação densa perto de rios e lagos, que servem de habitat para as moscas.

Ciclo de vida

Na mosca tsé-tsé: A mosca tsé-tsé é infetada quando toma uma refeição de sangue de um hospedeiro infetado. Os tripanossomas multiplicam-se no intestino médio da mosca e depois migram para as glândulas salivares, onde se transformam em tripomastigotas metacíclicos infecciosos.

Nos seres humanos: A mosca tsé-tsé injeta tripomastigotas metacíclicos na pele durante uma refeição de sangue. Os parasitas entram no sistema linfático e na corrente sanguínea, onde se transformam em tripomastigotas da corrente sanguínea e se multiplicam.

Sintomas e fases clínicas

Fase hemolinfática (fase inicial):

Sintomas: Febre, dores de cabeça, dores nas articulações e comichão. Os gânglios linfáticos aumentados, particularmente na região cervical posterior (sinal de Winterbottom), são comuns na infeção por *T.b. gambiense*.

Duração: Esta fase pode durar semanas ou meses.

Estágio neurológico (estágio tardio):

Sintomas: Ocorre quando os parasitas atravessam a barreira hemato-encefálica e infectam o sistema nervoso central. Os sintomas incluem confusão, perturbações sensoriais, falta de coordenação, alterações nos padrões de sono (daí o nome "doença do sono") e sintomas psiquiátricos.

Progressão: Se não for tratada, a doença pode evoluir para coma e morte.

Diagnóstico

Exame microscópico: Visualização direta de tripanossomas no sangue, em aspirados de gânglios linfáticos ou no líquido cefalorraquidiano (LCR).

Testes serológicos: Deteção de anticorpos em amostras de sangue utilizando técnicas como o Teste de Aglutinação em Cartão para a Tripanossomíase (CATT).

Punção lombar: Realizada para determinar se o parasita invadiu o sistema nervoso central, indicando a progressão para o estágio neurológico.

Tratamento

Fase inicial:

Trypanosoma brucei gambiense: Pentamidina.

Trypanosoma brucei rhodesiense: Suramina.

Fase tardia:

Trypanosoma brucei gambiense: Eflornitina, frequentemente em combinação com nifurtimox.

Trypanosoma brucei rhodesiense: Melarsoprol.

Prevenção e controlo

Controlo dos vectores: As medidas incluem alvos tratados com inseticida, pulverização aérea de insecticidas e redução dos habitats das moscas através da limpeza da vegetação.

Medidas de proteção: Usar vestuário de mangas compridas, usar repelente de insectos e evitar áreas conhecidas por estarem infestadas com moscas tsé-tsé.

Vigilância e rastreio: Rastreio regular das populações em risco para detetar e tratar precocemente os casos, evitando a transmissão da doença.

Impacto na saúde pública

Morbidade e mortalidade: Sem tratamento, a tripanossomíase africana é quase sempre fatal. A doença causa uma morbilidade significativa, afectando a capacidade dos indivíduos para trabalhar e levar uma vida normal.

Carga económica: A doença afecta a produtividade económica das comunidades e incorre em custos substanciais com os cuidados de saúde.

A tripanossomíase africana continua a ser um desafio significativo para a saúde pública nas regiões endémicas, exigindo esforços coordenados de controlo dos vectores, vigilância e tratamento para reduzir o seu impacto.

Tripanossomíase

Os "tripanossomas africanos" ou "tripanossomas do Velho Mundo" são protozoários hemoflagelados do género *Trypanosoma,* no subgénero *Trypanozoon.* Duas subespécies que são morfologicamente indistinguíveis causam padrões de doença distintos nos seres humanos: *T. b. gambiense*, que causa a tripanossomíase africana crónica ("doença do sono da África Ocidental") e *T. b. rhodesiense*, que causa a tripanossomíase africana aguda ("doença do sono da África Oriental"). A terceira subespécie *T. b. brucei* é um parasita principalmente do gado e ocasionalmente de outros animais, e em condições normais não infecta os seres humanos.

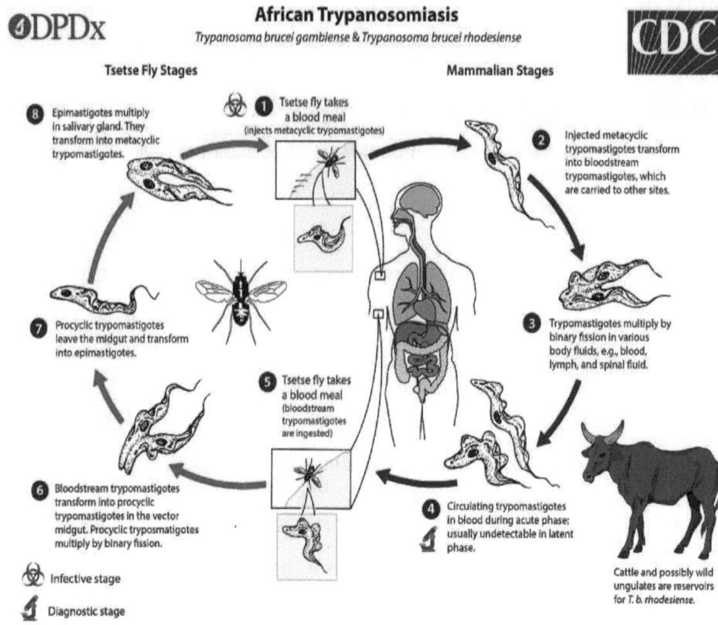

Figura 6. ***Ciclos de vida do tripanossoma africano***

Durante uma refeição de sangue no hospedeiro mamífero, uma mosca tsé-tsé infetada (género *Glossina*) injecta tripomastigotas metacíclicos no tecido cutâneo. Os parasitas entram no sistema linfático e passam para a corrente sanguínea ❶. No interior do hospedeiro, transformam-se em tripomastigotas da corrente sanguínea ❷ são transportados para outros locais do corpo, atingem outros fluidos corporais (por exemplo, linfa, líquido cefalorraquidiano) e continuam a replicação por fissão binária ❸. Todo o ciclo de vida dos tripanossomas africanos é representado por fases extracelulares. A mosca tsé-tsé fica infetada com tripomastigotas da corrente sanguínea quando toma uma refeição de sangue num hospedeiro mamífero infetado ❹, ❺. No intestino médio da mosca, os parasitas transformam-se em tripomastigotas procíclicos, multiplicam-se por fissão binária ❻. deixam o intestino médio e transformam-se em epimastigotas ❼. Os epimastigotas chegam às glândulas salivares da mosca e continuam a multiplicar-se por fissão binária ❽. O ciclo na mosca dura aproximadamente 3 semanas. Raramente, *o T. b. gambiense* pode ser adquirido de forma congénita se a mãe for infetada durante a gravidez.

Hospedeiros e Vectores

Humanos: O principal reservatório do *Trypanosoma brucei gambiense*, embora esta espécie também possa infetar animais, incluindo primatas e ungulados.

Animais: O gado doméstico é considerado o reservatório mais relevante do ponto de vista epidemiológico para o *Trypanosoma brucei rhodesiense.*

Vetor: A mosca tsé-tsé (*Glossina* spp.) é o único vetor conhecido para ambas as subespécies.

Distribuição geográfica

T. b. gambiense*:* Endémica na África Ocidental e Central.

T. b. rhodesiense*:* Encontrada na África Oriental e do Sudeste.

Sobreposição: No Uganda, ambas as subespécies são co-endémicas, com *T. b. gambiense* perto da fronteira norte e *T. b. rhodesiense* nas regiões central e sul.

Apresentação clínica

Cancro tripanossómico: Por vezes, desenvolve-se um cancro tripanossómico (uma ferida no local da inoculação) poucos dias depois de ter sido picado por uma mosca infetada, o que é mais comum no caso do *T. b. rhodesiense.*

Doença na primeira fase (fase hemolinfática):

Sintomas: Febre intermitente, prurido (comichão), linfadenopatia (gânglios linfáticos aumentados).

Sinal de Winterbottom: Alargamento dos gânglios linfáticos cervicais, particularmente no triângulo posterior do pescoço, frequentemente observado em infecções por *T. b. gambiense.*

Outras linfadenopatias: Também pode ocorrer nas regiões axilar, inguinal e epitroclear, com nódulos submandibulares, axilares e inguinais tipicamente aumentados no *T. b. rhodesiense.*

Doença do segundo estádio (estádio meningoencefálico):

Sintomas neurológicos: A invasão do sistema nervoso central leva a manifestações neuropsiquiátricas, incluindo perturbações do sono, confusão e problemas de coordenação, conhecidas como "doença do sono africana".

Sintomas cardíacos: Observa-se um envolvimento cardíaco grave com anomalias no eletrocardiograma consistentes com perimiocardite. Estes são geralmente ligeiros nas infecções por *T. b. gambiense*, mas mais graves e mais precoces nas infecções por *T. b. rhodesiense*.

Progressão da doença e fatalidade

O curso da infeção é mais agudo e rápido com o *T. b. rhodesiense* em comparação com o *T. b. gambiense*.

Ambas as infecções são quase invariavelmente fatais sem tratamento, o que realça a necessidade crítica de um diagnóstico e intervenção atempados.

Leishmnaia

As espécies de Leishmania são protozoários parasitas responsáveis pela doença da leishmaniose. Esta doença é transmitida pela picada de fêmeas infectadas de moscas da areia (género *Phlebotomus* no Velho Mundo e *Lutzomyia* no Novo Mundo). Existem várias espécies de *Leishmania* que causam diferentes formas de leishmaniose: cutânea, mucocutânea e visceral. Seguem-se alguns pormenores importantes sobre as espécies *de Leishmania* mais importantes:

Espécies de Leishmania e formas da doença

Leishmaniose cutânea:

Espécies:

Leishmania tropica

Leishmania major

Leishmania mexicana

Sintomas: Provoca feridas ou úlceras na pele no local da picada do mosquito da areia. Estas lesões podem ser únicas ou múltiplas e podem sarar espontaneamente com o tempo, deixando cicatrizes.

Distribuição geográfica:

L. tropica: Médio Oriente, Norte de África, Ásia Central

L. major: Médio Oriente, África

L. mexicana: América Central e do Sul

Leishmaniose mucocutânea:

Espécies:

Leishmania braziliensis

Sintomas: Envolve as membranas mucosas do nariz, boca e garganta, provocando lesões destrutivas que podem causar desfiguração grave.

Distribuição Geográfica: América do Sul e Central

***Leishmaniose visceral* (Kala-azar)**:

Espécies:

Leishmania donovani

Leishmania infantum (também conhecida como *Leishmania chagasi* no Novo Mundo)

Sintomas: Afecta os órgãos internos, principalmente o baço, o fígado e a medula óssea. Os sintomas incluem febre, perda de peso, aumento do baço e do fígado e anemia.

Distribuição geográfica:

L. donovani: Ásia do Sul, África Oriental

L. infantum: Região mediterrânica, partes da América Latina

Ciclo de vida da Leishmania

No Sandfly:

Os flebótomos são infectados ao ingerir macrófagos contendo amastigotas durante uma refeição de sangue de um hospedeiro infetado.

No intestino do mosquito-da-sandália, os amastigotas transformam-se em promastigotas, que são móveis e extracelulares.

As promastigotas multiplicam-se e migram para a probóscide do mosquito da areia.

No hospedeiro mamífero:

Durante uma refeição de sangue, um mosquito da areia infetado injeta promastigotas na pele.

As promastigotas são fagocitadas por macrófagos e outros tipos de células fagocíticas mononucleares.

No interior das células hospedeiras, as promastigotas transformam-se em amastigotas, que se multiplicam e acabam por provocar a rutura da célula hospedeira, libertando novas amastigotas que podem infetar outras células.

Diagnóstico

Leishmaniose cutânea: Diagnosticada por exame microscópico de amostras de lesões, cultura ou métodos moleculares (PCR). Biópsias de pele ou raspagens podem ser usadas para identificar os parasitas.

Leishmaniose mucocutânea: Métodos semelhantes aos da leishmaniose cutânea, frequentemente com atenção adicional às lesões das mucosas.

Leishmaniose visceral: Diagnosticada através de testes serológicos (por exemplo, teste de vareta rK39), métodos moleculares (PCR) ou exame microscópico de amostras de tecido (por exemplo, medula óssea, baço ou aspirados de gânglios linfáticos).

Tratamento

Leishmaniose cutânea: As opções de tratamento incluem terapias locais (por exemplo, crioterapia, termoterapia) e tratamentos sistémicos como os antimoniais pentavalentes (por exemplo, estibogluconato de sódio), a miltefosina ou a anfotericina B lipossómica.

Leishmaniose mucocutânea: Tratada com terapêuticas sistémicas, incluindo antimoniais pentavalentes, anfotericina B ou miltefosina.

Leishmaniose visceral: Tratada com anfotericina B lipossómica, miltefosina, paromomicina ou uma combinação destes fármacos.

Prevenção e controlo

Controlo dos vectores: Redução das populações de flebótomos através da pulverização de insecticidas, da utilização de mosquiteiros impregnados de inseticida e da gestão ambiental para eliminar os locais de reprodução.

Medidas de proteção: Usar vestuário de proteção, utilizar repelentes de insectos e evitar actividades ao ar livre durante as horas de maior atividade dos flebótomos (anoitecer e amanhecer).

Vigilância e tratamento precoce: Rastreio regular nas zonas endémicas e tratamento imediato dos indivíduos infectados para reduzir a transmissão.

Educação para a saúde pública: Sensibilização para os modos de transmissão e para as estratégias de prevenção.

Impacto na saúde pública

Morbidade e mortalidade: A leishmaniose causa uma morbilidade significativa e pode ser fatal, particularmente nos casos de leishmaniose visceral sem tratamento.

Carga económica: A doença afecta a produtividade económica dos indivíduos e das comunidades e representa custos substanciais para os cuidados de saúde.

A leishmaniose continua a ser um desafio significativo para a saúde pública, particularmente em contextos de recursos limitados, e exige esforços coordenados para um controlo e gestão eficazes.

Leishmaniose

A leishmaniose é uma doença transmitida por vectores e causada por protozoários intracelulares obrigatórios do género Leishmania. A infeção humana é causada por cerca de 21 das 30 espécies que infectam os mamíferos. Estas incluem o complexo L. donovani com 3 espécies (*L. donovani, L. infantum,* e *L. chagasi*); o complexo L. mexicana com 3 espécies principais *(L. mexicana, L. amazonensis*, e *L.* venezuelensis); *L. tropica; L. major; L. aethiopica*; e o subgénero Viannia com 4 espécies principais (L. (V.) *braziliensis, L.* (V.) *guyanensis, L.* (V.) *panamensis* e L. (V.*) peruviana*). As diferentes espécies são morfologicamente indistinguíveis, mas podem ser diferenciadas por análise isoenzimática, métodos moleculares ou anticorpos monoclonais.

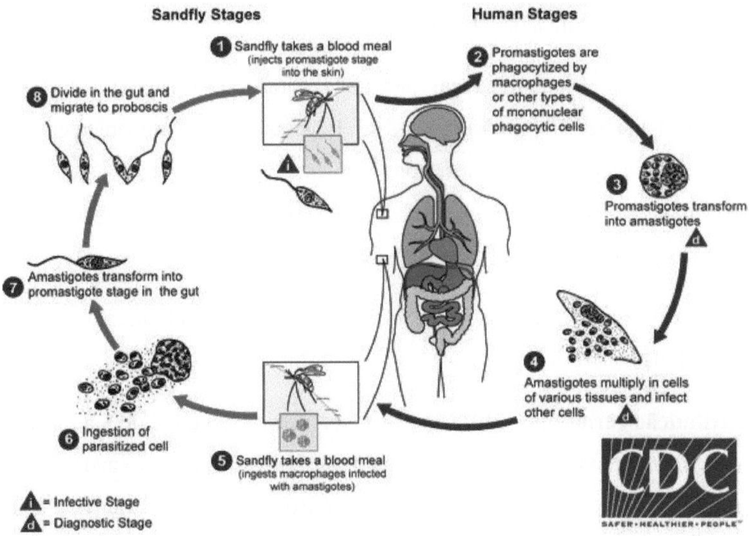

Figura 7. Ciclos de vida da leishmaniose

Ciclos de vida

A leishmaniose é transmitida pela picada de flebotomíneos fêmeas infectadas. Os flebotomíneos injectam o estádio infecioso (ou seja, promastigotas) a partir da sua probóscide durante as refeições de sangue ❶. As promastigotas que atingem a ferida da punção são fagocitadas por macrófagos ❷ e outros tipos de células fagocíticas mononucleares. Nestas células, as promastigotas transformam-se na fase tecidular do parasita (ou seja, amastigotas) ❸que se multiplicam por divisão simples e passam a infetar outras células fagocíticas mononucleares ❹. O parasita, o hospedeiro e outros factores afectam o facto de a infeção se tornar sintomática e de resultar em leishmaniose cutânea ou visceral. Os flebotomíneos são infectados pela ingestão de células infectadas durante as refeições de sangue (❺, ❻). Nos flebótomos, os amastigotas transformam-se em promastigotas, desenvolvem-se no intestino ❼ (no intestino posterior para os organismos leishmaniais do subgénero *Viannia*; no intestino médio para os organismos do subgénero *Leishmania*) e migram para a probóscide ❽.

Distribuição geográfica da leishmaniose

A leishmaniose encontra-se em partes de cerca de 88 países, afectando aproximadamente 350 milhões de pessoas. Encontra-se predominantemente em regiões tropicais e subtropicais, com ambientes que vão desde as florestas tropicais na América Central e do Sul até aos desertos na Ásia Ocidental. Os principais pormenores da distribuição incluem:

Leishmaniose visceral: Mais de 90% dos casos ocorrem na Índia, Bangladesh, Nepal, Sudão e Brasil.

Distribuição geral: Encontrada no México, América Central e do Sul (desde o norte da Argentina até ao Texas, excluindo o Uruguai, Chile e Canadá), sul da Europa, Ásia (excluindo o Sudeste Asiático), Médio Oriente e África (especialmente no Leste e Norte de África).

Apresentação clínica da Leishmaniose

A leishmaniose manifesta-se em três formas principais: cutânea, mucosa e visceral.

Leishmaniose cutânea:

Sintomas: Uma ou mais feridas na pele no local da picada do mosquito da areia, que podem variar em tamanho e aparência. Estas feridas têm frequentemente um rebordo elevado e uma cratera central, semelhante a um vulcão. Podem estar cobertas por uma crosta e podem ser indolores ou dolorosas. Podem ocorrer glândulas inchadas perto das feridas (por exemplo, na axila se as feridas estiverem no braço ou na mão).

***Leishmaniose visceral* (Kala-azar)**:

Sintomas: Febre, perda de peso e aumento do baço e do fígado (o baço geralmente está mais aumentado). Alguns pacientes podem ter glândulas inchadas e exames de sangue anormais, incluindo anemia, baixa contagem de glóbulos brancos e baixa contagem de plaquetas. Um subgrupo de doentes pode desenvolver leishmaniose dérmica pós-kala-azar. Trata-se de uma infeção oportunista importante em áreas co-endémicas com o VIH.

2.6. Plasmodium

O Plasmodium é um género de protozoários parasitas que causa a malária nos seres humanos e noutros animais. A doença é transmitida através da picada de fêmeas infectadas do mosquito Anopheles. Existem várias espécies de Plasmodium que infectam os seres humanos, cada uma causando uma forma ligeiramente diferente de malária. Eis um resumo pormenorizado:

Espécies de Plasmodium e formas de doença

***Plasmodium falciparum*:**

Distribuição: Predominantemente na África subsariana, mas também no Sudeste Asiático, na América do Sul e noutras regiões tropicais e subtropicais.

Sintomas: Causa a forma mais grave de malária, com febre alta, arrepios, suores, dores de cabeça, náuseas, vómitos e dores musculares. Pode levar a complicações graves, como malária cerebral, anemia grave e falência de órgãos.

Mortalidade: Responsável pela maioria das mortes relacionadas com a malária.

***Plasmodium vivax*:**

Distribuição: Amplamente distribuído na Ásia, América Latina e partes de África.

Sintomas: Causa malária menos grave, mas pode levar a episódios recorrentes (recaídas) devido aos estádios hepáticos dormentes (hipnozoítos). Os sintomas incluem febre, arrepios e suores, semelhantes aos da *P. falciparum*, mas geralmente menos graves.

Recaída: Os hipnozoítos podem causar recaídas semanas a meses após a infeção inicial.

Plasmodium ovale:

Distribuição: Encontrada principalmente na África Ocidental, mas também noutras regiões tropicais.

Sintomas: Semelhante à *P. vivax*, incluindo a possibilidade de recaídas devido a hipnozoítos. Geralmente provoca uma doença mais ligeira.

Plasmodium malariae:

Distribuição: Encontrada em muitas partes do mundo, incluindo África, Ásia e Américas.

Sintomas: Provoca uma infeção mais crónica com febres que ocorrem a cada 72 horas. Pode persistir em níveis baixos no sangue durante anos, levando potencialmente à síndrome nefrótica.

Recaída: Não forma hipnozoítos; as recaídas são menos comuns, mas a infeção pode persistir durante muito tempo.

Plasmodium knowlesi:

Distribuição: Encontrada principalmente no Sudeste Asiático, em particular na Malásia.

Sintomas: Originalmente um parasita de macacos, pode infetar humanos e causar malária com sintomas semelhantes aos de *P. falciparum* e *P. malariae*. Pode levar a doenças graves.

Diagnóstico: Frequentemente diagnosticada erradamente como outras formas de malária devido à sua semelhança no aspeto do esfregaço de sangue com a *P. malariae*.

Ciclo de vida do Plasmodium

No Mosquito:

O mosquito ingere gametócitos durante uma refeição de sangue de um hospedeiro infetado.

Os gametócitos amadurecem e transformam-se em gâmetas no intestino do mosquito, onde se fundem para formar um zigoto.

O zigoto transforma-se num ookinete, que penetra na parede do intestino e se desenvolve num oocisto.

O oocisto produz esporozoítos, que migram para as glândulas salivares do mosquito.

No hospedeiro humano:

Durante uma refeição de sangue subsequente, o mosquito injeta esporozoítos na corrente sanguínea humana.

Os esporozoítos viajam até ao fígado e infectam os hepatócitos, onde se desenvolvem em esquizontes.

Os esquizontes rompem-se, libertando merozoítos na corrente sanguínea.

Os merozoítos invadem os glóbulos vermelhos, levando à fase sanguínea sintomática da infeção.

Nos glóbulos vermelhos, os parasitas desenvolvem-se através das fases de anel, trofozoíto e esquizonte antes de romperem as células e libertarem mais merozoítos.

Alguns merozoítos desenvolvem-se em gametócitos, continuando o ciclo quando ingeridos por outro mosquito.

Diagnóstico

Exame microscópico: Os esfregaços de sangue corados com Giemsa permitem a visualização dos estádios do parasita.

Testes de diagnóstico rápido (RDTs): Detectam antigénios específicos produzidos por espécies de Plasmodium.

Métodos moleculares (PCR): Utilizados para confirmar a espécie e detetar parasitemia de baixo nível.

Tratamento

Malária não complicada:

P. falciparum: Terapias combinadas à base de artemisinina (ACTs).

P. vivax e *P. ovale*: Cloroquina (se sensível) ou ACTs, seguida de primaquina para eliminar os hipnozoítos.

Malária grave: artesunato ou quinino por via intravenosa.

Prevenção e controlo

Controlo dos vectores: Redes mosquiteiras tratadas com inseticida, pulverização residual em interiores e gestão ambiental para reduzir os locais de reprodução dos mosquitos.

Quimioprofilaxia: Utilização de medicamentos antimaláricos por viajantes para zonas endémicas.

Vacinação: A vacina RTS,S/AS01 (Mosquirix) proporciona proteção parcial contra *P. falciparum*.

Vigilância e tratamento: Diagnóstico precoce e tratamento imediato para reduzir a transmissão e evitar complicações.

Impacto na saúde pública

Morbilidade e mortalidade: A malária causa morbilidade e mortalidade significativas, sobretudo em crianças com menos de cinco anos e mulheres grávidas na África Subsariana.

Encargos económicos: A doença afecta a produtividade económica devido à doença e aos custos dos cuidados de saúde, representando um encargo substancial para os países endémicos.

A malária continua a ser um problema crítico de saúde mundial, exigindo esforços coordenados de prevenção, tratamento e controlo para reduzir o seu impacto.

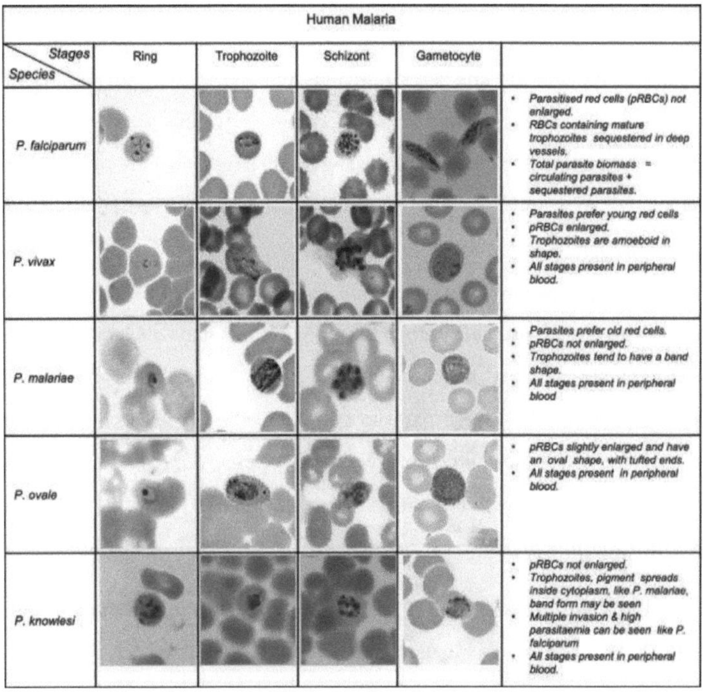

Figura 8. Espécies de Plasmodium no tecido sanguíneo

Malária

Parasitas do sangue do género *Plasmodium*. Existem aproximadamente 156 espécies nomeadas de *Plasmodium* que infectam várias espécies de vertebrados. Quatro espécies são consideradas verdadeiros parasitas do homem, uma vez que utilizam o homem quase exclusivamente como hospedeiro intermediário natural: *P. falciparum, P. vivax, P. ovale* e *P. malariae*. No entanto, há relatos periódicos de parasitas da malária símia encontrados em seres humanos, a maioria dos relatos implicando *P. knowlesi*. No momento em que este artigo foi escrito, não se determinou se *o P. knowlesi* está a ser transmitido naturalmente de humano para humano através do mosquito, sem o hospedeiro intermediário natural (macacos macacos, género *Macaca*). Por conseguinte, *a P. knowlesi* continua a ser considerada uma malária zoonótica.

Mosquitos Anopheles

A malária é transmitida aos seres humanos por mosquitos fêmeas do género Anopheles. As fêmeas dos mosquitos tomam refeições de sangue para a produção de ovos, e estas refeições de sangue são a ligação entre os hospedeiros humanos e os mosquitos no ciclo de vida do parasita. O desenvolvimento bem sucedido do parasita da malária no mosquito (desde o estádio de "gametócito" até ao estádio de "esporozoíto") depende de vários factores. O mais importante é a temperatura e a humidade ambiente (temperaturas mais elevadas aceleram o crescimento do parasita no mosquito) e se o Anophelessurvive o tempo suficiente para permitir que o parasita complete o seu ciclo no hospedeiro do mosquito (ciclo "esporogónico" ou "extrínseco", com duração de 9 a 18 dias). Ao contrário do hospedeiro humano, o hospedeiro mosquito não sofre visivelmente com a presença dos parasitas.

Os mosquitos **Anopheles** são os principais vectores da malária, transmitindo os parasitas Plasmodium que causam a doença. Compreender a sua biologia, comportamento e controlo é crucial para a prevenção e gestão da malária. Eis um resumo:

Biologia e ciclo de vida dos mosquitos Anopheles

Fase de ovo:

Habitat: Os ovos são postos individualmente em superfícies de água e têm flutuadores de ambos os lados.

Duração: Eclodem em larvas dentro de 2-3 dias em condições óptimas.

Fase larvar:

Habitat: Ambientes aquáticos como lagoas, pântanos e arrozais. As larvas alimentam-se por filtração, consumindo microorganismos e matéria orgânica.

Comportamento: As larvas respiram através de sifões e vêm frequentemente à superfície da água.

Duração: Dura de 7 a 14 dias, passando por quatro instares.

Fase Pupal:

Habitat: Aquático, mas as pupas não se alimentam. São móveis e reagem às mudanças de luz.

Duração: Dura 2-3 dias antes de emergir como adultos.

Fase adulta:

Habitat: Os adultos descansam em zonas frescas e sombreadas durante o dia e tornam-se activos ao anoitecer e ao amanhecer.

Alimentação: Apenas as fêmeas se alimentam de sangue, que é necessário para o desenvolvimento dos ovos. Ambos os sexos alimentam-se de néctar e de outras fontes de açúcar para obter energia.

Tempo de vida: Os adultos vivem 1 a 2 semanas em condições naturais, mas podem sobreviver mais tempo em condições ideais.

Comportamento e Ecologia

Comportamento alimentar:

Período de picada: A maior parte das espécies são crepusculares ou nocturnas, com picos de picada ao anoitecer e ao amanhecer.

Preferência de hospedeiro: Varia consoante a espécie; alguns preferem os humanos (antropofílicos), enquanto outros preferem os animais (zoofílicos).

Comportamento de repouso:

Interior (endofílico): Algumas espécies repousam dentro de casa depois de se alimentarem.

Ao ar livre (Exofílico): Outros preferem descansar ao ar livre.

Locais de reprodução:

Variedade: Os mosquitos Anopheles reproduzem-se numa variedade de habitats de água doce, incluindo água estagnada em pântanos, pântanos, campos de arroz e contentores artificiais.

Competência e distribuição de vectores

Espécies: Existem mais de 400 espécies de mosquitos Anopheles, mas apenas cerca de 30-40 são vectores importantes da malária.

Vectores primários: Complexo *Anopheles gambiae* e *Anopheles funestus* em África; *Anopheles stephensi* na Ásia; *Anopheles darlingi* nas Américas.

Distribuição geográfica:

Encontrada em todo o mundo, predominantemente em regiões tropicais e subtropicais onde a malária é endémica.

Medidas de controlo

Redes mosquiteiras tratadas com inseticida (ITN):

Proporcionam uma barreira física e matam os mosquitos por contacto. Amplamente utilizado em regiões onde a malária é endémica para reduzir a transmissão.

Pulverização residual em interiores (IRS):

Pulverização de insecticidas nas paredes interiores das casas para matar os mosquitos que repousam no interior.

Gestão da fonte de larvas (LSM):

Gestão ambiental para eliminar os locais de reprodução dos mosquitos, como a drenagem de águas estagnadas e a introdução de larvicidas.

Controlo biológico:

Utilização de predadores naturais ou de agentes patogénicos para reduzir as populações de mosquitos.

Controlo genético:

Tecnologias emergentes, como os mosquitos geneticamente modificados, para reduzir as populações ou a sua capacidade de transmissão da malária.

Impacto na saúde pública

Transmissão da doença: Os mosquitos Anopheles são responsáveis pela transmissão da malária, levando a uma morbilidade e mortalidade significativas, especialmente na África Subsariana.

Encargos económicos: A malária impõe um encargo económico substancial às regiões afectadas devido aos custos dos cuidados de saúde e à perda de produtividade.

Controlo de vectores: O controlo eficaz dos vectores é crucial para reduzir a transmissão da malária e atingir os objectivos de saúde pública.

Investigação e vigilância

A investigação em curso centra-se na compreensão do comportamento dos mosquitos, na resistência aos insecticidas e no desenvolvimento de novas estratégias de controlo.

Os sistemas de vigilância monitorizam as populações de mosquitos e a incidência da malária para informar os esforços de controlo.

Ciclo de vida

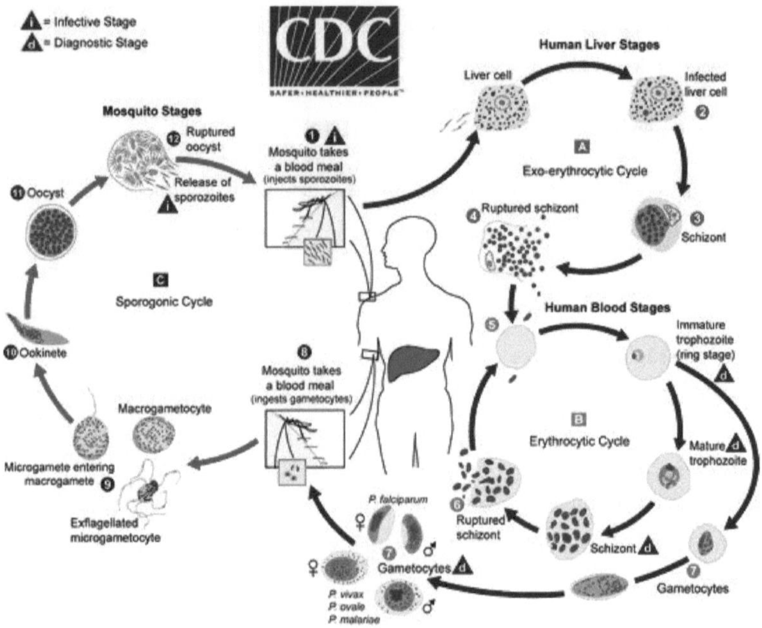

Figura 9. Biologia e ciclo de vida dos mosquitos Anopheles

O ciclo de vida do parasita da malária envolve dois hospedeiros. Durante uma refeição de sangue, uma fêmea do mosquito *Anopheles* infetada com malária inocula esporozoítos no hospedeiro humano ❶. Os esporozoitos infectam as células do fígado ❷ e amadurecem em esquizontes ❸que se rompem e libertam merozoítos ❹. (De notar que, no *P. vivax* e no *P. ovale*, uma fase dormente [hipnozoítos] pode persistir no fígado e causar recaídas ao invadir a corrente sanguínea semanas ou mesmo anos mais tarde). Após esta replicação inicial no fígado (esquizogonia exo-eritrocítica A), os parasitas multiplicam-se assexuadamente nos eritrócitos (esquizogonia eritrocítica B). Os merozoitos infectam os glóbulos vermelhos ❺. Os trofozoítos em fase de anel amadurecem em esquizontes, que se rompem libertando merozoítos ❻. Alguns parasitas diferenciam-se em estádios eritrocíticos sexuais (gametócitos) ❼. Os parasitas da fase sanguínea são responsáveis pelas manifestações clínicas da doença. Os gametócitos, machos (microgametócitos) e fêmeas (macrogametócitos), são ingeridos por um mosquito *Anopheles* durante uma refeição de sangue ❽. A multiplicação dos parasitas no mosquito é conhecida como ciclo esporogónico C. Enquanto estão no estômago do mosquito, os microgametas penetram nos macrogametas, gerando zigotos ❾. Os zigotos, por sua vez, tornam-se móveis e alongados (ookinetes) ❿ que invadem a parede do intestino médio do mosquito, onde se desenvolvem em oocistos ⓫. Os oocistos crescem, rompem-se e libertam esporozoítos ⓬que se dirigem para as glândulas salivares do mosquito. A inoculação dos esporozoítos num novo hospedeiro humano perpetua o ciclo de vida da malária.

Distribuição geográfica da malária

A malária encontra-se principalmente nas regiões tropicais e subtropicais, normalmente abaixo dos 1500 metros de altitude, onde as condições ambientais favorecem a multiplicação dos parasitas da malária no seu vetor, os mosquitos Anopheles. Os pontos principais incluem:

Distribuição histórica: No passado, a malária era endémica em grande parte da América do Norte, Europa e partes do norte da Ásia. Atualmente, continua presente na península coreana.

Distribuição atual: Atualmente, a malária restringe-se predominantemente às zonas tropicais e subtropicais a nível mundial.

Distribuição das espécies:

P. falciparum: Predominante a nível mundial.

P. vivax e P. ovale: Tradicionalmente, pensa-se que ocupam nichos diferentes (P. ovale na África Subsariana, P. vivax noutros locais), mas as suas áreas de distribuição sobrepõem-se. As ferramentas moleculares contribuem para o seu diagnóstico e distribuição exactos.

P. malariae: Distribuída globalmente, mas menos frequente do que a P. falciparum.

P. knowlesi: Encontrada no Sudeste Asiático.

Apresentação clínica da malária

A malária pode apresentar-se com vários sintomas, muitas vezes inespecíficos, que podem passar despercebidos sem o conhecimento da doença:

Sintomas: São comuns febre, arrepios, dores de cabeça, mialgias, artralgias, fraqueza, vómitos e diarreia.

Sintomas específicos da espécie:

P. falciparum: É mais provável que evolua para formas graves, como malária cerebral, insuficiência renal aguda, anemia grave ou síndroma de dificuldade respiratória aguda.

P. vivax: As complicações incluem esplenomegalia e, raramente, rutura esplénica.

P. malariae: As complicações podem incluir síndrome nefrótica devido a uma infeção prolongada.

Importância do diagnóstico e da gestão

Desafios de diagnóstico: A identificação das espécies é crucial, uma vez que as manifestações clínicas variam. As ferramentas moleculares são essenciais para um diagnóstico exato.

Tratamento: O tratamento imediato é fundamental para evitar a progressão para formas graves de malária, que podem ser fatais em 24 horas se não forem tratadas.

Complicações: Outras complicações incluem esplenomegalia, anemia, trombocitopenia, hipoglicemia, disfunção pulmonar ou renal e alterações neurológicas, dependendo da espécie e da carga parasitária.

Impacto na saúde pública

Mortalidade e morbilidade: A malária continua a ser um grande problema de saúde mundial, sobretudo nas regiões endémicas, afectando milhões de pessoas anualmente.

Medidas preventivas: Os esforços de controlo centram-se no controlo dos vectores, no diagnóstico precoce e no tratamento, juntamente com a investigação de novas intervenções e métodos de vigilância.

2.7. Parasitas associados a situações de imunocomprometimento

Cryptosporidium parvum é um parasita protozoário conhecido por causar criptosporidiose, uma doença gastrointestinal. Aqui está um resumo detalhado:

Cryptosporidium parvum e criptosporidiose

Transmissão:

Via Fecal-Oral: O Cryptosporidium parvum é tipicamente transmitido através da ingestão de água ou alimentos contaminados, ou do contacto com matéria fecal infetada.

Potencial zoonótico: Pode ser transmitido de animais para seres humanos, especialmente através do contacto com vitelos infectados.

Manifestações clínicas:

Sintomas: Geralmente incluem diarreia aquosa, cólicas abdominais, náuseas, vómitos e febre baixa.

Duração: Os sintomas podem durar 1-2 semanas em indivíduos imunocompetentes, mas podem persistir durante mais tempo em doentes imunocomprometidos.

Grupos de risco:

Indivíduos imunocomprometidos: Como os portadores de VIH/SIDA, submetidos a quimioterapia ou receptores de transplantes de órgãos, são particularmente susceptíveis a infecções graves e prolongadas.

Crianças: Especialmente crianças pequenas e bebés, devido ao desenvolvimento do seu sistema imunitário.

Idosos: Indivíduos com sistemas imunitários enfraquecidos devido a factores relacionados com a idade.

Diagnóstico:

Exame de fezes: Exame microscópico de amostras de fezes para deteção de oocistos de Cryptosporidium.

Deteção de antigénios: Testes de diagnóstico rápido (RDTs) para detetar antigénios de Cryptosporidium nas fezes.

Métodos moleculares: Reação em cadeia da polimerase (PCR) para uma identificação precisa das espécies.

Tratamento e gestão:

Cuidados de apoio: Hidratação e gestão de electrólitos para tratar a diarreia e a desidratação.

Terapia antimicrobiana: A nitazoxanida é o medicamento aprovado pela FDA para o tratamento da criptosporidiose em indivíduos imunocompetentes.

Doentes imunocomprometidos: Podem necessitar de uma gestão mais agressiva e de cursos de terapia mais longos, frequentemente em consulta com especialistas em doenças infecciosas.

Prevenção:

Segurança da água: Beber água segura e tratada e evitar nadar em fontes de água potencialmente contaminadas.

Higiene: Praticar uma boa higiene das mãos, especialmente depois de usar a casa de banho ou de manusear animais.

Segurança alimentar: Assegurar práticas de cozinha e de higiene adequadas ao manusear alimentos, especialmente em ambientes com potenciais riscos de contaminação fecal.

Impacto na saúde pública

A criptosporidiose pode levar a uma morbilidade e a um encargo económico significativos, particularmente em populações com sistemas imunitários enfraquecidos. Os surtos podem ocorrer em ambientes como creches, hospitais e comunidades com infra-estruturas de saneamento de água comprometidas. A prevenção eficaz e o diagnóstico precoce são cruciais para gerir os surtos e minimizar a propagação da infeção.

Em resumo, o Cryptosporidium parvum é uma causa notável de doença diarreica em todo o mundo, afectando especialmente indivíduos imunocomprometidos e crianças pequenas. A consciencialização das vias de transmissão, o diagnóstico imediato e o tratamento adequado são fundamentais para reduzir o impacto da criptosporidiose na saúde pública.

Cryptosporidium parvum é um parasita protozoário conhecido por causar criptosporidiose, uma doença gastrointestinal. Aqui está um resumo detalhado:

Cryptosporidium parvum e criptosporidiose

Transmissão:

Via Fecal-Oral: O Cryptosporidium parvum é tipicamente transmitido através da ingestão de água ou alimentos contaminados, ou do contacto com matéria fecal infetada.

Potencial zoonótico: Pode ser transmitido de animais para seres humanos, especialmente através do contacto com vitelos infectados.

Manifestações clínicas:

Sintomas: Geralmente incluem diarreia aquosa, cólicas abdominais, náuseas, vómitos e febre baixa.

Duração: Os sintomas podem durar 1-2 semanas em indivíduos imunocompetentes, mas podem persistir durante mais tempo em doentes imunocomprometidos.

Grupos de risco:

Indivíduos imunocomprometidos: Como os portadores de VIH/SIDA, submetidos a quimioterapia ou receptores de transplantes de órgãos, são particularmente susceptíveis a infecções graves e prolongadas.

Crianças: Especialmente crianças pequenas e bebés, devido ao desenvolvimento do seu sistema imunitário.

Idosos: Indivíduos com sistemas imunitários enfraquecidos devido a factores relacionados com a idade.

Diagnóstico:

Exame de fezes: Exame microscópico de amostras de fezes para deteção de oocistos de Cryptosporidium.

Deteção de antigénios: Testes de diagnóstico rápido (RDTs) para detetar antigénios de Cryptosporidium nas fezes.

Métodos moleculares: Reação em cadeia da polimerase (PCR) para uma identificação precisa das espécies.

Tratamento e gestão:

Cuidados de apoio: Hidratação e gestão de electrólitos para tratar a diarreia e a desidratação.

Terapia antimicrobiana: A nitazoxanida é o medicamento aprovado pela FDA para o tratamento da criptosporidiose em indivíduos imunocompetentes.

Doentes imunocomprometidos: Podem necessitar de uma gestão mais agressiva e de cursos de terapia mais longos, frequentemente em consulta com especialistas em doenças infecciosas.

Prevenção:

Segurança da água: Beber água segura e tratada e evitar nadar em fontes de água potencialmente contaminadas.

Higiene: Praticar uma boa higiene das mãos, especialmente depois de usar a casa de banho ou de manusear animais.

Segurança alimentar: Assegurar práticas de cozinha e de higiene adequadas ao manusear alimentos, especialmente em ambientes com potenciais riscos de contaminação fecal.

Impacto na saúde pública

A criptosporidiose pode levar a uma morbilidade e a um encargo económico significativos, particularmente em populações com sistemas imunitários enfraquecidos. Os surtos podem ocorrer em ambientes como creches, hospitais e comunidades com infra-estruturas de saneamento de água comprometidas. A prevenção eficaz e o diagnóstico precoce são cruciais para gerir os surtos e minimizar a propagação da infeção.

Em resumo, o Cryptosporidium parvum é uma causa notável de doença diarreica em todo o mundo, afectando especialmente indivíduos imunocomprometidos e crianças pequenas. A consciencialização das vias de transmissão, o diagnóstico imediato e o tratamento adequado são fundamentais para reduzir o impacto da criptosporidiose na saúde pública.

O Toxoplasma gondii é um protozoário parasita que causa a toxoplasmose, uma infeção generalizada que pode afetar seres humanos e animais. Aqui está uma visão geral das suas caraterísticas, transmissão, manifestações clínicas e tratamento:

Toxoplasma gondii e *Toxoplasmose*

Transmissão:

Ingestão: O mais comum é a ingestão de oocistos (encontrados nas fezes de gatos) ou de cistos teciduais (encontrados em carne mal cozida).

Congénita: Pode ser transmitido de uma mãe infetada para o feto durante a gravidez.

Transplante de órgãos: A transmissão pode ocorrer através do transplante de órgãos de um dador infetado.

Manifestações clínicas:

Indivíduos imunocompetentes:

Frequentemente assintomática ou com sintomas ligeiros semelhantes aos da gripe (febre, gânglios linfáticos inchados).

Autolimitada na maioria dos casos sem tratamento específico.

Indivíduos imunocomprometidos (por exemplo, VIH/SIDA):

Complicações graves e potencialmente fatais, incluindo encefalite (inflamação do cérebro), pneumonia e miocardite.

A reativação da infeção latente pode levar a uma doença grave.

Diagnóstico:

Serologia: Deteção de anticorpos específicos (IgM e IgG) contra Toxoplasma gondii.

Métodos moleculares: PCR (Reação em cadeia da polimerase) para detetar o ADN do parasita em amostras de sangue ou de tecidos.

Histopatologia: Exame de amostras de biópsia de tecido para detetar quistos caraterísticos ou taquizoítos (forma ativa do parasita).

Tratamento e gestão:

Indivíduos imunocompetentes:

Normalmente não é tratada, exceto se os sintomas forem graves ou persistentes.

Se necessário, são utilizados antibióticos como a pirimetamina e a sulfadiazina para reduzir os sintomas.

Indivíduos imunocomprometidos:

Pode ser necessário um tratamento profilático vitalício para evitar a reativação.

A terapia combinada com pirimetamina, sulfadiazina e ácido folínico é frequentemente utilizada para controlar a infeção.

Mulheres grávidas: Pode ser necessário tratamento para evitar a transmissão ao feto, dependendo da idade gestacional e da saúde materna.

Prevenção:

Higiene: Lavar corretamente as mãos depois de manusear carne crua e terra, especialmente se estiver a fazer jardinagem.

Segurança alimentar: Cozinhar bem a carne para matar os quistos.

Evitar as fezes dos gatos: As mulheres grávidas e os indivíduos imunocomprometidos devem evitar limpar as caixas de areia dos gatos.

Impacto na saúde pública:

A toxoplasmose é considerada um problema de saúde significativo a nível mundial devido à sua distribuição generalizada e às suas potenciais complicações, particularmente em populações vulneráveis.

A educação e a sensibilização para a saúde são cruciais para prevenir a transmissão e gerir eficazmente a infeção.

Em conclusão, o Toxoplasma gondii e a toxoplasmose apresentam manifestações clínicas diversas, dependendo do estado imunitário do hospedeiro. O diagnóstico precoce, o tratamento adequado e as medidas preventivas são essenciais para minimizar o impacto desta infeção parasitária na saúde pública.

3. Helmintologia

3.1. Introdução

Helmintologia é o ramo da parasitologia que se concentra no estudo dos helmintos, que são vermes parasitas. Estes vermes podem infetar seres humanos, animais e plantas, causando uma vasta gama de doenças e problemas de saúde. A Helmintologia engloba o estudo da sua biologia, ciclos de vida, transmissão, patologia, diagnóstico, tratamento e medidas de controlo.

Tipos de Helmintos

Os helmintas são classificados em três grupos principais com base na sua estrutura corporal:

Trematódeos (vermes):

Vermes achatados, em forma de folha, que se encontram normalmente em ambientes aquáticos.

Exemplos incluem *Schistosoma* spp. que causam a esquistossomose.

Cestodes (Ténias):

Vermes longos e segmentados que habitam o trato digestivo dos vertebrados.

Exemplos incluem *Taenia* spp. e *Echinococcus* spp.

Nemátodos (lombrigas):

Vermes cilíndricos, não segmentados, com uma cutícula protetora.

Exemplos incluem o *Ascaris lumbricoides* que causa a ascaridíase e *a Trichinella spiralis* que causa a triquinelose.

Importância e impacto

As infecções por helmintas são prevalecentes em todo o mundo, particularmente em regiões tropicais e subtropicais onde o saneamento e a higiene podem ser inadequados. Contribuem significativamente para o peso global da doença, afectando anualmente milhões de pessoas e animais. Os helmintes podem causar infecções crónicas, conduzindo a desnutrição, anemia, deficiência cognitiva e atraso no crescimento, especialmente nas crianças.

Investigação e controlo

A Helmintologia desempenha um papel crucial no desenvolvimento de estratégias de diagnóstico, tratamento e controlo das infecções por helmintas. A investigação centra-se na compreensão das interações hospedeiro-parasita, no desenvolvimento de novos medicamentos e vacinas, na melhoria das técnicas de diagnóstico e na implementação de intervenções eficazes no domínio da saúde pública. As medidas de controlo incluem a administração de medicamentos em massa, a melhoria do saneamento, a educação sanitária e o controlo dos vectores.

Conclusão

Em suma, a helmintologia é vital para a compreensão e o combate às infecções por parasitas que afectam a saúde humana e a agricultura a nível mundial. Os avanços neste campo continuam a melhorar a nossa capacidade de diagnosticar, tratar e prevenir as doenças helmínticas, com o objetivo final de reduzir o seu impacto na saúde global e melhorar a qualidade de vida das populações afectadas.

3.2. Fasciola buski e *Fasciola hepatica*

Fasciola buski e **Fasciola hepatica** são ambos vermes chatos parasitas pertencentes à classe Trematoda, vulgarmente conhecidos como vermes do fígado. Aqui está uma visão geral de cada espécie:

Fasciola buski

Anfitriões:

Hospedeiro definitivo: Infecta principalmente os seres humanos e os suínos.

Hospedeiro intermediário: Caracóis aquáticos (por exemplo, *Lymnaea* spp.).

Distribuição geográfica:

Encontrado em partes da Ásia, particularmente em países como a Índia, China, Tailândia e Indonésia.

Ciclo de vida:

Os ovos são eliminados nas fezes do hospedeiro definitivo.

Os ovos eclodem na água, libertando miracídios que infectam os caracóis aquáticos.

No interior do caracol, o parasita passa por várias fases de desenvolvimento (esporocistos, rediae e cercárias).

As cercárias de natação livre encistam como metacercárias em plantas aquáticas (por exemplo, castanhas de água).

Os seres humanos e os suínos são infectados através da ingestão de plantas aquáticas contaminadas.

Manifestações clínicas:

Provoca fasciolíase, caracterizada por inflamação do fígado e dos canais biliares.

Os sintomas incluem dor abdominal, febre, náuseas e hepatomegalia (aumento do tamanho do fígado).

Diagnóstico e tratamento:

O diagnóstico baseia-se nos sintomas clínicos, nos exames imagiológicos (ecografia) e nos testes serológicos.

O tratamento envolve medicamentos anti-helmínticos como o triclabendazol e a nitazoxanida.

Fasciola hepatica

Anfitriões:

Hospedeiro definitivo: Infecta principalmente mamíferos herbívoros, incluindo ovinos, bovinos e humanos.

Hospedeiro intermediário: Caracóis aquáticos (por exemplo, *Galba truncatula*).

Distribuição geográfica:

Encontrado em todo o mundo, especialmente em regiões com climas temperados.

Ciclo de vida:

Semelhante à *Fasciola buski*.

Os ovos são excretados na bílis do hospedeiro definitivo e libertados no ambiente.

Os Miracidia eclodem dos ovos na água e infectam os caracóis aquáticos.

No interior do caracol, as larvas desenvolvem-se em cercárias, que são libertadas na água.

As cercárias encistam como metacercárias na vegetação, que são depois ingeridas pelo hospedeiro definitivo (por exemplo, gado em pastoreio ou seres humanos).

Manifestações clínicas:

Causa fasciolíase em humanos e animais.

Os sintomas incluem febre, dor abdominal, iterícia e hepatomegalia.

Diagnóstico e tratamento:

O diagnóstico envolve avaliação clínica, imagiologia (ecografia) e testes serológicos.

O tratamento inclui medicamentos como o triclabendazol, que é altamente eficaz contra os vermes adultos.

Importância para a saúde pública

Tanto *a Fasciola buski* como *a Fasciola hepatica* são parasitas importantes que causam perdas económicas significativas na agricultura (devido a infecções do gado) e problemas de saúde pública (infecções humanas). As medidas de controlo centram-se na melhoria do saneamento, no controlo das populações de hospedeiros intermediários e no tratamento de indivíduos e animais infectados para evitar a transmissão e reduzir a carga da doença.

Fasciolopsiasis

O trematódeo *Fasciolopsis buski*, o maior verme intestinal dos seres humanos.

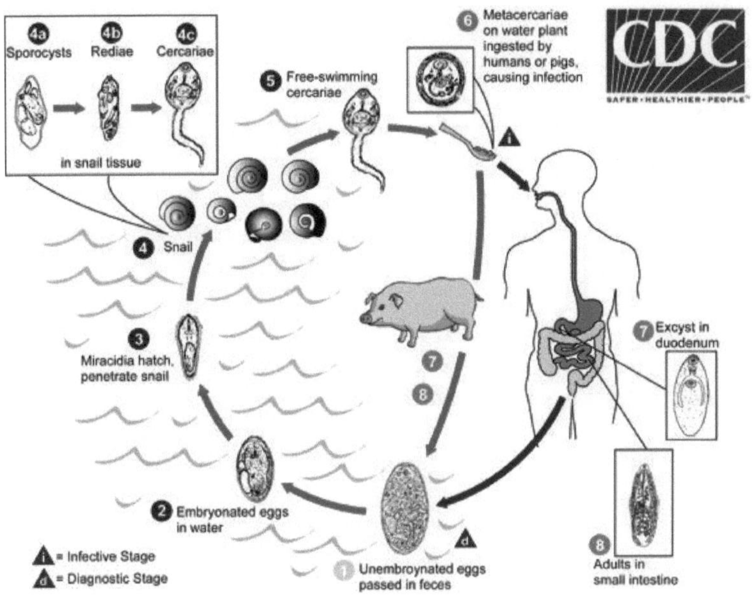

trematódeo *Fasciolopsis buski*, ciclo de vida

Figura 10. Trematódeo Fasciolopsis buski, ciclo de vida

Os ovos imaturos são libertados no intestino e nas fezes 1 . Os ovos tornam-se embrionados na água 2 , os ovos libertam miracídios 3 , que invadem um hospedeiro intermediário caracol adequado 4 . No caracol, os parasitas passam por várias fases de desenvolvimento (esporocistos 4a , rediae 4b , e cercárias 4c). As cercárias são libertadas do caracol 5 e encistam como metacercárias em plantas aquáticas 6 . Os mamíferos hospedeiros são infectados através da ingestão de metacercárias nas plantas aquáticas. Após a ingestão, as metacercárias excistam no duodeno⑦ e fixam-se à parede intestinal. Aí, desenvolvem-se em vermes adultos (20 a 75 mm por 8 a 20 mm) em cerca de 3 meses, fixados à parede intestinal dos hospedeiros mamíferos (humanos e suínos)⑧. Os adultos têm uma duração de vida de cerca de um ano.

Distribuição geográfica

Fasciola buski:

Regiões: Encontrado predominantemente na Ásia e no subcontinente indiano.

Habitats: Desenvolve-se em zonas onde se criam porcos e se consomem plantas de água doce.

Fasciola hepatica:

Distribuição mundial: Encontrada em todo o mundo, particularmente em regiões com climas temperados.

Prevalência: Afecta geralmente áreas onde o gado, como ovelhas e bovinos, pasta.

Apresentação clínica

Fasciolíase (Infeção por *Fasciola buski* e *Fasciola hepatica*):

Infecções ligeiras: Frequentemente assintomáticas, especialmente em casos ligeiros.

Infecções mais graves: Os sintomas podem incluir:

Gastrointestinal: Diarreia, dor abdominal e obstrução intestinal.

Sistémica: Febre, ascite (acumulação de líquido no abdómen) e anasarca (inchaço generalizado devido à retenção de líquidos).

Estes sintomas surgem devido à migração das larvas do verme através dos tecidos do fígado e à subsequente inflamação e danos causados aos canais biliares e ao parênquima hepático. Em casos graves, podem também ocorrer complicações como iterícia e hepatomegalia (aumento do tamanho do fígado).

3.3. Heterophes heterophes

Heterophyes heterophyes é um verme intestinal minúsculo pertencente à classe Trematoda, responsável pela doença conhecida como heterofíase. Este verme parasita é predominante em regiões onde é comum o consumo de peixe cru ou mal cozinhado.

Morfologia

Tamanho e forma: Heterophyes heterophyes é pequeno, medindo tipicamente 1 a 1,7 mm de comprimento e 0,3 a 0,4 mm de largura. Tem um corpo alongado, em forma de pera.

Ventosas: A carpa possui uma ventosa oral na extremidade anterior e uma ventosa ventral maior situada a meio da parte ventral.

Órgãos reprodutores: Possui um sistema reprodutor bem desenvolvido com testículos ramificados situados posteriormente à ventosa ventral e um ovário situado anteriormente aos testículos.

Ciclo de vida

Ovos: O ciclo de vida começa quando os ovos são excretados nas fezes de um hospedeiro infetado. Estes ovos são operculados, o que significa que têm uma estrutura semelhante a uma tampa.

Miracídios: Quando os ovos chegam à água doce, eclodem em miracídios, que penetram no primeiro hospedeiro intermediário, um caracol de água doce.

Esporocistos e Rediae: Dentro do caracol, os miracídios desenvolvem-se em esporocistos e depois em rediae, que produzem cercárias.

Cercárias: As cercárias são libertadas do caracol para a água e depois penetram no segundo hospedeiro intermediário, normalmente um peixe de água doce ou salobra.

Metacercárias: No interior do peixe, as cercárias encistam como metacercárias nos músculos ou sob as escamas.

Infeção do hospedeiro definitivo: Os seres humanos ou outros mamíferos que comem peixe são infectados quando consomem peixe cru ou mal cozinhado que contém metacercárias. As metacercárias excistam no intestino delgado, desenvolvem-se em vermes adultos e começam a produzir ovos.

Apresentação clínica

Sintomas: As infecções com Heterophyes heterophyes são frequentemente assintomáticas, especialmente em infecções ligeiras. No entanto, as infecções graves podem causar sintomas gastrointestinais, como dores abdominais, diarreia e má absorção.

Complicações: Em casos graves, os vermes podem invadir a mucosa intestinal e causar inflamação granulomatosa. Raramente, podem migrar para locais ectópicos como o coração, levando a complicações graves como a miocardite.

Diagnóstico

Exame de fezes: O diagnóstico baseia-se principalmente na identificação de ovos caraterísticos nas fezes.

Testes serológicos: Estes podem ser utilizados para detetar anticorpos contra o parasita, embora sejam menos utilizados.

Tratamento

Praziquantel: O medicamento de eleição para o tratamento da heterofíase é o praziquantel, que é altamente eficaz contra os vermes adultos.

Prevenção: As medidas preventivas incluem cozinhar bem o peixe e evitar o consumo de peixe cru ou mal cozinhado.

Distribuição geográfica

A Heterophyes heterophyes é encontrada principalmente em regiões onde o peixe de água doce cru ou mal cozinhado faz parte da dieta, incluindo partes do Médio Oriente, Norte de África e Sudeste Asiático.

Importância para a saúde pública

Nas zonas endémicas, a heterofíase pode constituir um problema de saúde pública significativo devido à elevada prevalência da infeção e às potenciais complicações. Os esforços de saúde pública centram-se na educação das comunidades sobre os riscos do consumo de peixe cru e na promoção de práticas de cozedura seguras para reduzir a transmissão do parasita.

Heterofíase

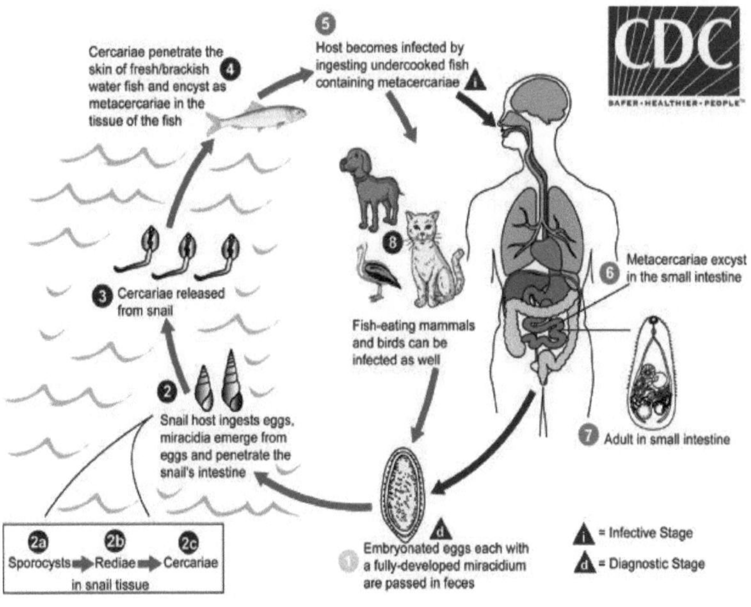

Figura 11Ciclos de vida da heterofíase

Os adultos libertam ovos embrionados, cada um com um miracídio completamente desenvolvido, e os ovos são eliminados nas fezes do hospedeiro ❶ . Após a ingestão por um caracol adequado (primeiro hospedeiro intermediário), os ovos eclodem e libertam miracídios que penetram no intestino do caracol❷ . Os géneros *Cerithidia* e *Pironella* são importantes hospedeiros de caracóis na Ásia e no Médio Oriente, respetivamente. Os miracídios passam por várias fases de desenvolvimento no caracol, ou seja, esporocistos2a, rediae2b, e cercárias2c. São produzidas muitas cercárias a partir de cada redia. As cercárias são libertadas do caracol3 e encistam como metacercárias nos tecidos de um peixe adequado de água doce/ salobra (segundo hospedeiro intermediário)4. O hospedeiro definitivo fica infetado ao ingerir peixe mal cozinhado ou salgado que contém metacercárias5. Após a ingestão, as metacercárias excitam, fixam-se à mucosa do intestino delgado6 e amadurecem até se tornarem adultas (medindo 1,0 a 1,7 mm por 0,3 a 0,4 mm) 7. Para além dos seres humanos, vários mamíferos que se alimentam de peixe (por exemplo, gatos e cães) e aves podem ser infectados por *Heterophyes heterophyes*.8

3.4. Paragonimus westermani

Paragonimus westermani é uma espécie de verme pulmonar que causa a paragonimíase, uma infeção parasitária que afecta os pulmões. É uma das várias espécies do género Paragonimus que podem infetar os seres humanos. A infeção é normalmente adquirida através do consumo de caranguejos ou lagostins de água doce crus ou mal cozinhados que albergam as metacercárias.

Morfologia

Tamanho e forma: As carúnculas adultas de P. westermani são ovais e castanho-avermelhadas, medindo cerca de 7,5 a 12 mm de comprimento e 4 a 6 mm de largura.

Ventosas: A carpa tem uma ventosa oral na extremidade anterior e uma ventral localizada na superfície ventral.

Órgãos reprodutores: Os órgãos reprodutores incluem um par de testículos ramificados localizados posteriormente, um ovário e um útero cheio de ovos.

Ciclo de vida

Ovos: O ciclo de vida começa quando os ovos não embrionados são expelidos na expetoração ou nas fezes do hospedeiro definitivo.

Miracídios: Na água, os ovos embrionam e libertam miracídios, que penetram no primeiro hospedeiro intermediário, um caracol de água doce.

Esporocistos e Rediae: Dentro do caracol, os miracídios desenvolvem-se em esporocistos, depois em rediae, e eventualmente produzem cercárias.

Cercárias: As cercárias são libertadas do caracol e depois penetram no segundo hospedeiro intermediário, normalmente um caranguejo de água doce ou um lagostim.

Metacercárias: No interior do crustáceo, as cercárias encistam como metacercárias nos músculos ou nas vísceras.

Infeção do hospedeiro definitivo: Os seres humanos ou outros mamíferos são infectados através do consumo de crustáceos crus ou mal cozinhados que contenham metacercárias. As metacercárias excistam no intestino delgado, penetram na parede intestinal, migram através da cavidade peritoneal e, por fim, atingem os pulmões, onde amadurecem em vermes adultos e começam a produzir ovos.

Apresentação clínica

Fase aguda: A fase aguda, que ocorre 2 a 15 dias após a infeção, pode incluir sintomas como febre, dor abdominal, diarreia e eosinofilia.

Fase crónica: A fase crónica é caracterizada por sintomas pulmonares, como tosse crónica, hemoptise (tosse com sangue), dor no peito e dispneia. Os vermes causam lesões cavitárias nos pulmões, que podem ser confundidas com tuberculose ou cancro do pulmão.

Paragonimíase ectópica: Ocasionalmente, os vermes migram para outros órgãos, como o cérebro, o fígado ou a pele, levando a complicações mais graves.

Diagnóstico

Exame da expetoração e das fezes: O diagnóstico baseia-se principalmente na identificação de ovos caraterísticos na expetoração ou em amostras de fezes.

Testes serológicos: Estes testes podem detetar anticorpos contra espécies de Paragonimus e são úteis nos casos em que os ovos não são facilmente encontrados.

Imagiologia: As radiografias do tórax e as tomografias computorizadas podem revelar lesões pulmonares caraterísticas.

Tratamento

Praziquantel: O medicamento de eleição para o tratamento da paragonimíase é o praziquantel.

Triclabendazol: Este medicamento também é eficaz e é uma alternativa ao praziquantel.

Distribuição geográfica

O Paragonimus westermani é encontrado em partes da Ásia, incluindo a China, as Filipinas, o Japão, o Vietname, a Coreia do Sul e a Tailândia. Outras espécies de Paragonimus encontram-se em África, na América Central e do Sul e noutras partes da Ásia.

Importância para a saúde pública

A paragonimíase é uma preocupação significativa de saúde pública em áreas endémicas devido ao seu potencial para causar doença pulmonar crónica e complicações graves se não for tratada. Os esforços de saúde pública centram-se na educação das comunidades sobre os riscos do consumo de crustáceos de água doce crus ou mal cozinhados e na promoção de práticas culinárias seguras para reduzir a transmissão do parasita.

Paragonimíase

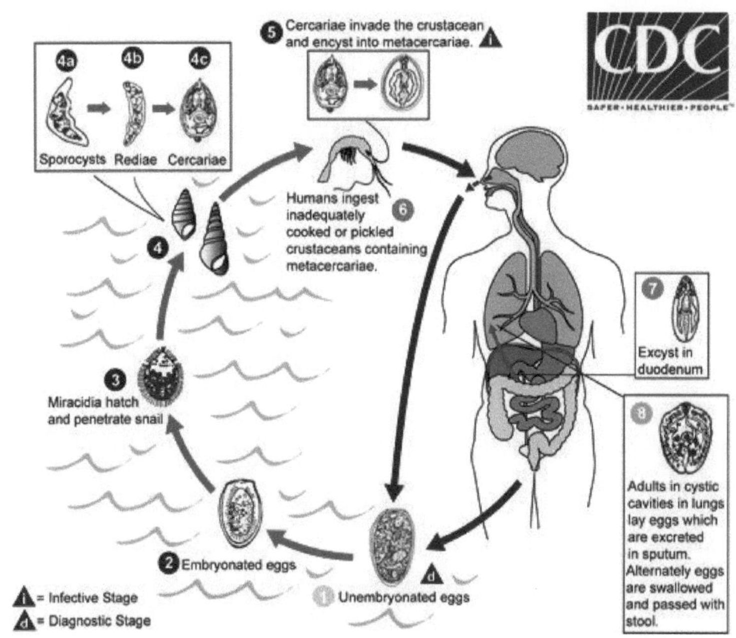

Figura 12. Ciclo de vida do Paragonimus westermani

Os ovos são excretados não embrionados na expetoração ou, em alternativa, são engolidos e eliminados com as fezes ❶. No ambiente externo, os ovos tornam-se embrionados ❷... e os miracídios eclodem e procuram o primeiro hospedeiro intermediário, um caracol, e penetram nos seus tecidos moles ❸. Os miracídios passam por várias fases de desenvolvimento no interior do caracol ❹esporocistos 4a, rediae 4be os últimos dão origem a muitas cercárias 4cque emergem do caracol. As cercárias invadem o segundo hospedeiro intermediário, um crustáceo como o caranguejo ou o lagostim, onde encistam e se transformam em metacercárias. Esta é a fase infecciosa para o hospedeiro mamífero ❺. A infeção humana com *P. westermani* ocorre através da ingestão de caranguejos ou lagostins inadequadamente cozinhados ou em conserva que albergam metacercárias do parasita ❻. As metacercárias excistam no duodeno ❼penetram através da parede intestinal na cavidade peritoneal, depois através da parede abdominal e do diafragma até aos pulmões, onde ficam encapsuladas e se desenvolvem em adultos ❽. (7,5 a 12 mm por 4 a 6 mm). Os vermes podem também atingir outros órgãos e tecidos, como o cérebro e os músculos estriados, respetivamente. No entanto, quando isso acontece, o ciclo de vida não se completa, porque os ovos postos não conseguem sair desses locais. O tempo entre a infeção e a oviposição é de 65 a 90 dias. As infecções podem persistir durante 20 anos nos seres humanos. Animais como porcos, cães e uma variedade de espécies felinas também podem albergar *P. westermani.*

3.5. Clonorchis sinensis

O Clonorchis sinensis, também conhecido como verme chinês do fígado, é um verme parasita que causa a clonorquíase. Esta infeção afecta principalmente o fígado e as vias biliares. O Clonorchis sinensis é predominante nos países da Ásia Oriental, onde é comum consumir peixe de água doce cru ou mal cozinhado.

Morfologia

Tamanho e forma: As verrugas adultas do Clonorchis sinensis são planas, alongadas e medem cerca de 10 a 25 mm de comprimento e 3 a 5 mm de largura.

Ventosas: A verme tem uma ventosa oral na extremidade anterior e uma ventral situada imediatamente abaixo desta.

Órgãos reprodutores: O sistema reprodutor inclui testículos ramificados localizados posteriormente, um ovário situado anteriormente aos testículos e um útero cheio de ovos.

Ciclo de vida

Ovos: O ciclo de vida começa quando os ovos embrionados são eliminados nas fezes de um hospedeiro definitivo infetado.

Miracídios: Quando os ovos chegam à água doce, são ingeridos pelo primeiro hospedeiro intermediário, um caracol de água doce. Dentro do caracol, os ovos eclodem e libertam os miracídios.

Esporocistos e Rediae: Os miracídios se desenvolvem em esporocistos e depois em rediae dentro do caracol, produzindo finalmente cercárias.

Cercárias: As cercárias são libertadas do caracol e penetram no segundo hospedeiro intermediário, normalmente um peixe de água doce, encistando-se como metacercárias nos músculos do peixe ou sob as escamas.

Infeção do hospedeiro definitivo: Os seres humanos ou outros mamíferos que comem peixe são infectados quando consomem peixe cru ou mal cozinhado que contém metacercárias. As metacercárias excistam no intestino delgado, migram para os canais biliares e desenvolvem-se em vermes adultos, que depois começam a produzir ovos.

Apresentação clínica

Fase aguda: Os sintomas na fase aguda podem incluir febre, arrepios, dor abdominal, iterícia e eosinofilia.

Fase crónica: A infeção crónica pode levar a inflamação e fibrose dos canais biliares, resultando em sintomas como dor abdominal no quadrante superior direito, fadiga, indigestão e hepatomegalia. A clonorquíase crónica também pode aumentar o risco de desenvolvimento de colangiocarcinoma (cancro das vias biliares).

Diagnóstico

Exame de fezes: O diagnóstico baseia-se principalmente na identificação de ovos caraterísticos em amostras de fezes.

Imagiologia: A ecografia, a tomografia computorizada ou a ressonância magnética podem ajudar a visualizar alterações no fígado e nas vias biliares.

Testes serológicos: Estes testes podem detetar anticorpos contra Clonorchis sinensis.

Tratamento

Praziquantel: O medicamento de eleição para o tratamento da clonorquíase é o praziquantel.

Albendazol: Este medicamento também é eficaz e pode ser utilizado como alternativa.

Distribuição geográfica

A Clonorchis sinensis é endémica nos países da Ásia Oriental, incluindo a China, a Coreia, o Vietname e partes da Rússia. É particularmente prevalente em regiões onde é comum o consumo de peixe de água doce cru ou mal cozinhado.

Clonorquíase

O trematódeo *Clonorchis sinensis* (fasciolose chinesa ou oriental) é um importante agente patogénico de origem alimentar e causa de doença hepática na Ásia. Esta parece ser a única espécie do género envolvida na infeção humana.

Ciclo de vida

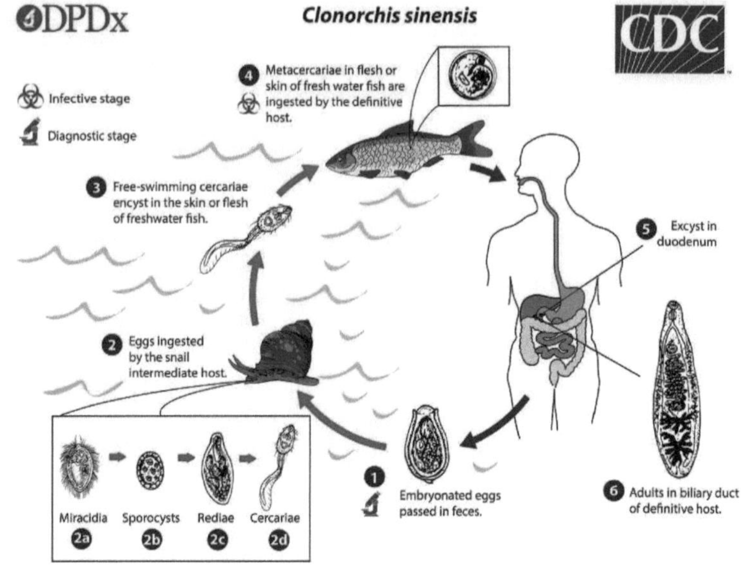

Figura 13. Ciclos de vida de Clonorchis sinensis

Os ovos de *Clonorchis sinensis* são eliminados nos canais biliares e nas fezes em estado embrionário 1. Os ovos são ingeridos por um caracol hospedeiro intermediário adequado 2. Os ovos libertam miracídios 2a que passam por várias fases de desenvolvimento (esporocistos 2b, rediae 2c e cercárias 2d). As cercárias são libertadas do caracol e, após um curto período de tempo a nadar livremente na água, entram em contacto e penetram na carne dos peixes de água doce, onde encistam como metacercárias 3. A infeção dos seres humanos ocorre através da ingestão de peixe de água doce mal cozinhado, salgado, em conserva ou fumado 4. Após a ingestão, as metacercárias excistam no duodeno 5 e ascendem ao trato biliar através da ampola de Vater 6. A maturação demora aproximadamente um mês. Os vermes adultos (medindo 10 a 25 mm por 3 a 5 mm) residem nos ductos biliares de pequeno e médio porte.

Anfitriões

A gama de hospedeiros é relativamente vasta e *o C. sinensis* é capaz de infetar várias espécies de caracóis e mais de 100 espécies de peixes de água doce como hospedeiros intermediários. Muitas das espécies de peixes pertencem à família Cyprinidae, que inclui carpas e peixinhos. Além disso, as metacercárias *de C. sinensis* foram recuperadas de algumas espécies de camarões na China e podem contribuir para a transmissão da doença nesses locais, embora a prevalência e a carga metacercária sejam muito inferiores às dos peixes ciprinídeos. Para além dos seres humanos, os canídeos e felídeos domésticos, os suínos, os mustelídeos e outros mamíferos piscívoros podem servir de hospedeiros definitivos.

3.6. Espécies de Schistosoma

O nome comum das espécies de **Schistosoma** é **vermes do sangue**. Este nome reflecte o seu habitat nos vasos sanguíneos dos seus hospedeiros. Cada uma das principais espécies de Schistosoma pode também ser referida mais especificamente pela sua doença associada ou localização geográfica:

Schistosoma haematobium: Verme do sangue urinário

Schistosoma mansoni: verme do sangue intestinal

Schistosoma japonicum*:* verme do sangue oriental

Schistosoma intercalatum*:* verme do sangue intestinal africano

Schistosoma mekongi: Fasciolose do Mekong

Estes nomes comuns são frequentemente utilizados para distinguir as diferentes espécies com base nos seus locais de infeção primários e na sua distribuição geográfica.

Espécies de Schistosoma

Schistosoma é um género de trematódeos, vulgarmente conhecidos como vermes do sangue, responsáveis pela doença esquistossomose (também conhecida como bilharziose). Estes parasitas são únicos entre os trematodes devido à sua forma cilíndrica e à sua capacidade de viver dentro dos vasos sanguíneos dos seus hospedeiros. A esquistossomose é um importante problema de saúde pública nas regiões tropicais e subtropicais.

Principais espécies de Schistosoma

Schistosoma haematobium

Schistosoma mansoni

Schistosoma japonicum

Schistosoma intercalatum

Schistosoma mekongi

Cada espécie tem distribuições geográficas e manifestações clínicas distintas.

Morfologia

Vermes adultos: Os vermes adultos do Schistosoma são alongados e cilíndricos, variando tipicamente de 10 a 20 mm de comprimento. Os machos são mais largos e mais curtos do que as fêmeas, que são mais compridas e esguias. Vivem em pares, com a fêmea a residir num canal, chamado canal ginecofórico, na superfície ventral do macho.

Ovos: Os ovos de esquistossoma são distintos para cada espécie, caracterizados por espinhos que ajudam a identificá-los ao microscópio:

S. haematobium: Espinha terminal

S. mansoni: Espinha lateral

S. japonicum: Espinha pequena e rudimentar

Ciclo de vida

Ovos: O ciclo de vida começa quando os ovos são excretados na urina (S. haematobium) ou nas fezes (outras espécies) de um hospedeiro infetado.

Miracídios: Na água doce, os ovos eclodem em miracídios, que depois procuram e penetram num caracol de água doce adequado (o primeiro hospedeiro intermediário).

Esporocistos: Dentro do caracol, os miracídios desenvolvem-se em esporocistos e produzem cercárias.

Cercárias: As cercárias, que nadam livremente, são libertadas do caracol para a água. Estas cercárias podem penetrar na pele de um hospedeiro humano (o hospedeiro definitivo).

Esquistossómula: Após a penetração, as cercárias perdem as suas caudas e transformam-se em esquistossómulos. Entram na corrente sanguínea e migram para o fígado, onde se transformam em vermes adultos.

Migração para os vasos sanguíneos: Os vermes adultos maduros migram para os seus locais preferidos:

S. haematobium: Plexo venoso da bexiga e do trato urinário

S. mansoni** e **S. intercalatum: Veias mesentéricas do intestino

S. japonicum** e **S. mekongi: Veias mesentéricas e outros órgãos

Apresentação clínica

Fase aguda (febre de Katayama): Esta fase pode ocorrer semanas após a infeção inicial e inclui sintomas como febre, arrepios, tosse, dores musculares e eosinofilia.

Fase crónica: A esquistossomose crónica pode levar a problemas de saúde graves:

S. haematobium: Hematúria (sangue na urina), fibrose da parede da bexiga e aumento do risco de cancro da bexiga.

S. mansoni e ***S. japonicum***: Sintomas intestinais e hepáticos, incluindo dor abdominal, diarreia, hepatoesplenomegalia e hipertensão portal.

S. intercalatum** e **S. mekongi: Semelhante ao S. mansoni, mas frequentemente com manifestações mais localizadas.

Diagnóstico

Microscopia: Identificação de ovos na urina (S. haematobium) ou em amostras de fezes (outras espécies).

Testes serológicos: Deteção de anticorpos contra schistosomas.

Imagiologia: A ecografia, a TAC ou a ressonância magnética podem ajudar a avaliar a lesão de órgãos em casos crónicos.

Tratamento

Praziquantel: O medicamento de eleição para todas as espécies de Schistosoma. É eficaz contra os vermes adultos, mas menos eficaz contra as formas imaturas.

Oxamniquine: Uma alternativa para o tratamento de infecções por S. mansoni, particularmente em áreas com resistência ao praziquantel.

Distribuição geográfica

S. haematobium: África e Médio Oriente.

S. mansoni: África, América do Sul e Caraíbas.

S. japonicum: China, Filipinas e partes do Sudeste Asiático.

S. intercalatum: África Central e Ocidental.

S. mekongi: Bacia do rio Mekong no Camboja e Laos.

Importância para a saúde pública

A esquistossomose é uma das doenças parasitárias mais importantes a nível mundial, afectando mais de 200 milhões de pessoas. As estratégias de saúde pública centram-se na redução das populações de caracóis (hospedeiros intermediários), na melhoria do saneamento e no acesso a água potável para prevenir a infeção. Programas de administração maciça de medicamentos (MDA) utilizando praziquantel são também implementados em áreas endémicas para controlar e reduzir o peso da doença.

Agentes causais

A esquistossomose (Bilharzíase) é causada por algumas espécies de trematódeos sanguíneos (vermes) do género *Schistosoma*. As três principais espécies que infectam os seres humanos são *Schistosoma haematobium*, *S. japonicum* e *S. mansoni*. Três outras espécies, mais localizadas geograficamente, são *S. mekongi*, *S. intercalatum* e *S. guineensis* (anteriormente considerado sinónimo de *S. intercalatum*). Há também alguns relatos de esquistossomas híbridos de origem bovina (*S. haematobium*, x *S. bovis*, x *S. curassoni,* x *S. mattheei*) que infectam seres humanos. Ao contrário de outros trematódeos, que são hermafroditas, *os Schistosoma* spp. são dióicos (indivíduos de sexos separados).

Ciclo de vida

Os ovos de *Schistosoma* são eliminados através das fezes ou da urina, consoante a espécie ❶. Em condições adequadas, os ovos eclodem e libertam miracídios ❷ que nadam e penetram em hospedeiros intermediários específicos de caramujos ❸. As fases no caracol incluem duas gerações de esporocistos ❹ e a produção de cercárias ❺. Após a libertação do caracol, as cercárias infecciosas nadam, penetram na pele do hospedeiro humano ❻ e libertam as suas caudas bifurcadas, transformando-se em esquistossómulos ❼. Os esquistossómulos migram através da circulação venosa para os pulmões, depois para o coração e, em seguida, desenvolvem-se no fígado, saindo do fígado através do sistema da veia porta quando maduros, ❽ ❾. Os vermes adultos machos e fêmeas copulam e residem nas vénulas mesentéricas, cuja localização varia consoante a espécie (com algumas excepções) ❿. Por exemplo, *o S. japonicum* é mais frequentemente encontrado nas veias mesentéricas superiores que drenam o intestino delgado A e *o S. mansoni* ocorre mais frequentemente nas veias mesentéricas inferiores que drenam o intestino grosso B. No entanto, ambas as espécies podem ocupar qualquer uma das localizações e são capazes de se deslocar entre elas. *O S. intercalatum* e o *S. guineensis* também habitam o plexo mesentérico inferior, mas numa posição mais baixa do intestino do que *o S. mansoni. O S. haematobium* habita mais frequentemente nos plexos venosos vesiculares e pélvicos da bexiga C mas também pode ser encontrado nas vénulas rectais. As fêmeas (o tamanho varia entre 7-28 mm, consoante a espécie) depositam os ovos nas pequenas vénulas dos sistemas portal e perivesical. Os ovos deslocam-se progressivamente para o lúmen do intestino

(*S. mansoni,S. japonicum, S. mekongi, S. intercalatum/guineensis*) e da bexiga e ureteres (*S. haematobium*), sendo eliminados com as fezes ou a urina, respetivamente ❶.

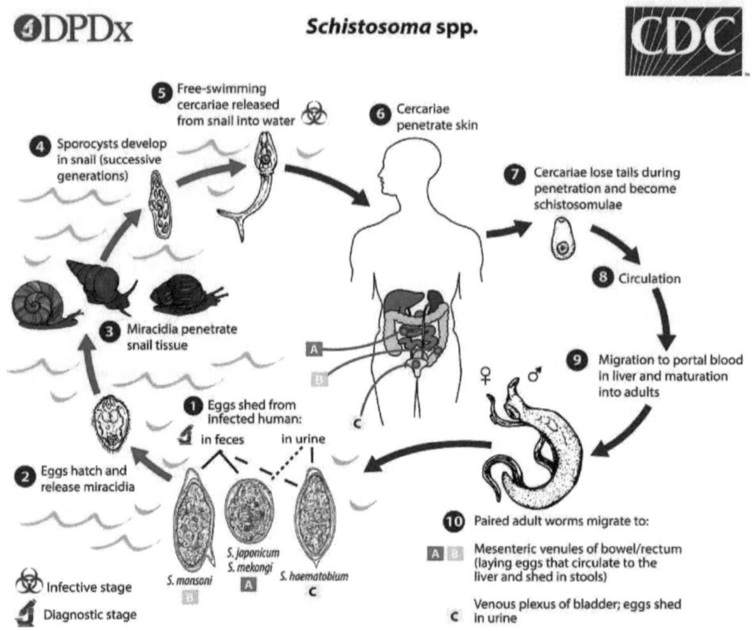

Figura 14. Ciclos de vida das espécies de Schistosoma

Anfitriões

Vários animais, como gado, cães, gatos, roedores, porcos, cavalos e cabras, servem de reservatórios para *S. japonicum* e cães para *S. mekongi. O S. mansoni* também é frequentemente recuperado de primatas selvagens em áreas endémicas, mas é considerado principalmente um parasita humano e não uma zoonose. Os hospedeiros intermediários são caracóis dos géneros *Biomphalaria, (S. mansoni), Oncomelania (S. japonicum), Bulinus (S. haematobium, S. intercalatum, S. guineensis)*. O único hospedeiro intermediário conhecido de *S. mekongi* é *Neotricula aperta*.

4. Helmintologia - Os cestodes

4.1. Introdução

Os cestodes, vulgarmente conhecidos como ténias, são uma classe de vermes planos parasitas pertencentes ao filo Platyhelminthes. Estes vermes alongados e segmentados habitam o trato intestinal dos seus hospedeiros definitivos, que incluem uma vasta gama de vertebrados, incluindo o homem. Os cestodes caracterizam-se pelos seus corpos achatados em forma de fita, que podem variar entre alguns milímetros e vários metros de comprimento, consoante a espécie.

Morfologia

Escólex: A extremidade anterior de uma ténia, conhecida como escólex, está equipada com estruturas especializadas, como ventosas, ganchos ou ambos, que permitem que o verme se fixe na parede intestinal do seu hospedeiro.

Pescoço: Atrás do escólex há um pescoço curto e não segmentado que gera os segmentos do corpo do verme.

Proglótides: O corpo, ou estróbilo, é constituído por uma série de segmentos repetidos chamados proglótides. Cada proglótida contém órgãos reprodutores masculinos e femininos, tornando os cestódeos hermafroditas. As proglótides maduras na extremidade posterior do verme estão cheias de ovos e são libertadas nas fezes do hospedeiro.

Ciclo de vida

Os cestodes têm ciclos de vida complexos que envolvem um ou mais hospedeiros intermediários. O ciclo de vida geral inclui as seguintes fases:

Ovos: As proglótides ou ovos são transmitidos para o ambiente através das fezes do hospedeiro definitivo.

Oncosferas: Os ovos desenvolvem-se em formas larvares denominadas oncosferas após a ingestão por um hospedeiro intermediário.

Estágios larvais: As oncosferas penetram na parede intestinal do hospedeiro intermediário e migram para vários tecidos, onde se desenvolvem em cisticercoides, cisticercos ou outras formas larvares, dependendo da espécie.

Infeção do hospedeiro definitivo: O hospedeiro definitivo é infetado ao ingerir o tecido do hospedeiro intermediário que contém os estádios larvares infecciosos. As larvas desenvolvem-se então em ténias adultas no intestino, completando o ciclo.

Principais Cestodes que Infectam o Homem

***Taenia saginata**:* Também conhecida como a ténia da carne de vaca, é adquirida através do consumo de carne de vaca mal cozinhada que contenha cisticercos.

Taenia solium: Conhecida como a ténia do porco, é adquirida através do consumo de carne de porco mal cozinhada contendo cisticercos. Também pode causar cisticercose se os ovos forem ingeridos.

***Diphyllobothrium latum**:* A ténia do peixe, adquirida através do consumo de peixe de água doce cru ou mal cozinhado que contenha larvas de plerocercoides.

Hymenolepis nana: A ténia anã, que pode completar o seu ciclo de vida num único hospedeiro, tornando-a a infeção por cestodes mais comum nos seres humanos.

Echinococcus granulosus: Causa a doença hidática, em que os quistos larvares se desenvolvem em vários órgãos, normalmente adquiridos a partir de cães, os hospedeiros definitivos, através da ingestão de ovos.

Apresentação clínica

As manifestações clínicas das infecções por cestodes variam consoante a espécie e a fase do ciclo de vida em causa. Os sintomas comuns incluem:

Infecções intestinais: Dor abdominal, náuseas, diarreia, perda de peso e deficiência de vitamina B12 (especialmente com Diphyllobothrium latum).

Infecções por larvas: A cisticercose (causada por larvas de Taenia solium) pode levar a sintomas neurológicos, incluindo convulsões e dores de cabeça, se as larvas migrarem para o cérebro. A doença hidática (causada por Echinococcus granulosus) pode resultar em quistos no fígado, pulmões e outros órgãos, causando efeitos de pressão e potencial rutura.

Diagnóstico

Exame de fezes: Identificação de ovos ou proglótides em amostras de fezes.

Imagiologia: A ultrassonografia, a tomografia computadorizada ou a ressonância magnética podem detetar cistos de larvas nos tecidos.

Testes serológicos: Deteção de anticorpos contra antigénios específicos de cestodes.

Tratamento

Praziquantel: Eficaz contra a maioria das infecções intestinais por ténias.

Albendazol: Utilizado no tratamento de infecções larvares, como a cisticercose e a doença hidática.

Intervenção cirúrgica: Por vezes necessária para remover quistos em casos de doença hidática ou cisticercose grave.

Importância para a saúde pública

As infecções por cestóides são uma preocupação significativa em termos de saúde pública, particularmente em regiões com práticas de saneamento e higiene deficientes e onde a carne crua ou mal cozinhada é habitualmente consumida. As estratégias de prevenção incluem a melhoria das práticas de segurança alimentar, a desparasitação regular do gado e a educação do público sobre os riscos do consumo de carne mal cozinhada. Nas zonas endémicas, os programas de controlo visam reduzir a transmissão através do tratamento de indivíduos e animais infectados e da melhoria das condições sanitárias.

4.2. Espécies de Taenia (*Taenia saginata / Taenia solium*)

As espécies de **taenia**, em particular ***a Taenia saginata*** (ténia da carne de vaca) e ***a Taenia solium*** (ténia da carne de porco), são cestodes parasitas (ténias) que podem infetar os seres humanos. São responsáveis pela taeníase e, no caso da T. solium, podem causar cisticercose, uma doença mais grave.

Morfologia

Escólex: Ambas as espécies têm um escólex (cabeça) com ventosas para fixação. T. solium tem um escólex com ventosas e uma fileira dupla de ganchos, enquanto T. saginata tem apenas ventosas.

Pescoço: A seguir ao escólex, existe uma região do pescoço não segmentada.

Proglótides: O corpo (strobila) é constituído por numerosas proglótides. Cada proglótide contém um conjunto completo de órgãos reprodutores. As proglótides de T. saginata são mais compridas do que largas, enquanto as proglótides de T. solium são mais rectangulares.

Ciclo de vida

Ovos: O ciclo de vida começa quando as proglótides grávidas ou os ovos são eliminados nas fezes de um ser humano infetado.

Oncosferas: Quando os ovos são ingeridos pelo hospedeiro intermediário (bovinos para T. saginata e suínos para T. solium), eles eclodem em larvas (oncosferas) no intestino.

Estágios larvais: As oncosferas penetram na parede intestinal e migram para o tecido muscular, onde se desenvolvem em cisticercos (quistos larvares).

Infeção do hospedeiro definitivo: Os seres humanos são infectados através do consumo de carne crua ou mal cozinhada contendo cisticercos. No intestino, os cisticercos desenvolvem-se em ténias adultas, que se fixam à parede intestinal e amadurecem, produzindo proglótides que são eliminadas nas fezes, completando o ciclo.

Taenia saginata (Ténia da carne de bovino)

Transmissão: Adquirida através do consumo de carne de vaca mal cozinhada contendo cisticercos.

Apresentação clínica: Frequentemente assintomática, mas pode causar sintomas gastrointestinais ligeiros, como dor abdominal, náuseas, diarreia e perda de peso.

Diagnóstico: Identificação de ovos ou proglótides em amostras de fezes.

Tratamento: O medicamento de eleição é o Praziquantel. A niclosamida também pode ser utilizada.

Taenia solium (Ténia do porco)

Transmissão: Adquirida através do consumo de carne de porco mal cozinhada contendo cisticercos ou através da ingestão direta de ovos, levando à cisticercose.

Apresentação clínica:

Taeníase: Frequentemente assintomática ou com sintomas gastrointestinais ligeiros semelhantes aos da infeção por T. saginata.

Cisticercose: Quando os ovos são ingeridos, as larvas eclodem e migram para os tecidos, formando quistos. A neurocisticercose ocorre quando os cistos se formam no cérebro, causando sintomas neurológicos graves, como convulsões, dores de cabeça e hidrocefalia.

Diagnóstico:

Taeníase: Identificação de ovos ou proglótides em amostras de fezes.

Cisticercose: Imagiologia (TAC ou MRI) para detetar quistos nos tecidos e testes serológicos para detetar anticorpos.

Tratamento:

Taeníase: Praziquantel ou niclosamida.

Cisticercose: Tratamento antiparasitário com albendazol ou praziquantel, frequentemente combinado com corticosteróides para reduzir a inflamação. Em certos casos, pode ser necessária uma cirurgia para remover os quistos.

Importância para a saúde pública

Tanto a Taenia saginata como a Taenia solium constituem preocupações significativas em termos de saúde pública, especialmente em regiões com práticas de saneamento e higiene deficientes e onde é comum o consumo de carne crua ou mal cozinhada. As medidas preventivas incluem:

Melhorar o saneamento: Eliminação correta das fezes humanas para evitar a contaminação dos alimentos e das fontes de água.

Segurança alimentar: Educar o público sobre a importância de cozinhar bem a carne e implementar protocolos de inspeção da carne.

Educação para a saúde: Sensibilização para os riscos do consumo de carne mal cozinhada e para a importância da lavagem das mãos para evitar a ingestão de ovos.

Desparasitação regular: Tratamento do gado e das populações humanas em risco para reduzir a prevalência da infeção.

Os programas de controlo em áreas endémicas concentram-se na redução da transmissão através de uma combinação de melhor saneamento, educação pública e esforços regulares de desparasitação.

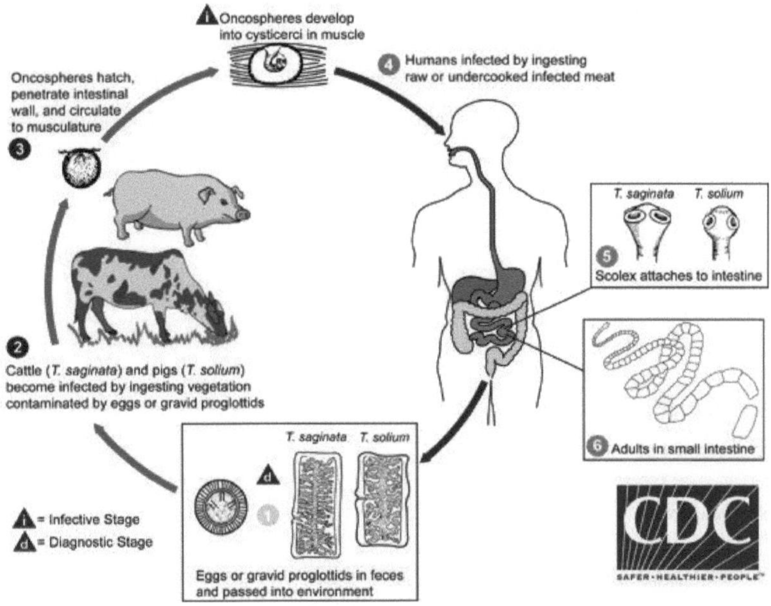

Figura 15. A taeníase é a infeção dos ciclos de vida dos seres humanos

A teníase é a infeção dos seres humanos com a ténia adulta da *Taenia saginata*, *T. solium* ou *T. asiatica*. Os seres humanos são os únicos hospedeiros definitivos destas três espécies. Os ovos ou as proglótides grávidas são eliminados com as fezes ❶ Os ovos podem sobreviver durante dias a meses no ambiente. Os bovinos (*T. saginata*) e os suínos (*T. solium* e *T. asiatica*) são infectados pela ingestão de vegetação contaminada com ovos ou proglótides grávidas ❷. No intestino do animal, as oncosferas eclodem ❸No intestino do animal, as oncosferas eclodem, invadem a parede intestinal e migram para os músculos estriados, onde se desenvolvem em cisticercos. Um cisticerco pode sobreviver durante vários anos no animal. Os seres humanos são infectados pela ingestão de carne infetada crua ou mal cozinhada ❹. No intestino humano, o cisticerco desenvolve-se ao longo de 2 meses numa ténia adulta, que pode sobreviver durante anos. As ténias adultas fixam-se ao intestino delgado pelo seu escólex ❺ e residem no intestino delgado ❻. O comprimento dos vermes adultos é geralmente de 5 m ou menos para a *T. saginata* (no entanto, pode atingir até 25 m) e de 2 a 7 m para a *T. solium*. Os adultos produzem proglótides que amadurecem, tornam-se grávidas, destacam-se da ténia e migram para o ânus ou são eliminadas nas fezes (aproximadamente 6 por dia). Os adultos de *T. saginata* têm normalmente 1.000 a 2.000 proglótides, enquanto os adultos de *T. solium* têm uma média de 1.000 proglótides. Os ovos contidos nas proglótides grávidas são libertados depois de as proglótides serem eliminadas com as fezes. *A T. saginata* pode produzir até 100.000 e *a T. solium* pode produzir 50.000 ovos por proglótida, respetivamente.

4.3. Espécies de Hymenolepis (*Hymenolepis nana / Hymenolepis diminuta)*

A Hymenolepis nana (ténia anã) e ***a Hymenolepis diminuta*** (ténia do rato) são cestodes que podem infetar os seres humanos, causando a himenolepíase. Estas ténias diferem nos seus ciclos de vida e hospedeiros intermediários, mas ambas infectam principalmente os intestinos.

Hymenolepis nana (Ténia anã)

A Hymenolepis nana é a ténia mais pequena que infecta os seres humanos e tem um ciclo de vida direto, o que significa que pode completar todo o seu desenvolvimento num único hospedeiro.

Morfologia

Tamanho: Os vermes adultos medem 15-40 mm de comprimento.

Scolex: Dotado de um rostelo retrátil com ganchos e quatro ventosas.

Proglótides: Numerosos segmentos (proglótides) contendo órgãos reprodutores.

Ciclo de vida

Ovos: Eliminados nas fezes do hospedeiro definitivo (humanos ou roedores).

Oncosferas: Quando os ovos são ingeridos, libertam oncosferas no intestino.

Larvas cisticercoides: As oncosferas penetram nas vilosidades intestinais, onde se desenvolvem em larvas cisticercoides.

Ténias adultas: As larvas regressam ao lúmen intestinal e transformam-se em ténias adultas.

A auto-infeção pode ocorrer se os ovos eclodirem no intestino antes de serem excretados, levando a uma infeção contínua.

Apresentação clínica

Assintomático: Muitas infecções são assintomáticas.

Sintomas: Quando sintomáticos, os doentes podem sentir dor abdominal, diarreia, anorexia, perda de peso e prurido ani (comichão no ânus).

Infecções graves: Particularmente em indivíduos imunocomprometidos, os sintomas podem ser mais graves.

Diagnóstico

Exame de fezes: Identificação de ovos caraterísticos em amostras de fezes.

Tratamento

Praziquantel: O medicamento de eleição.

Alternativa: Nitazoxanida.

Hymenolepis diminuta (Ténia do rato)

A Hymenolepis diminuta infecta normalmente os roedores, mas também pode infetar os seres humanos, especialmente as crianças.

Morfologia

Tamanho: As minhocas adultas medem 20-60 cm de comprimento.

Escólex: Sem rostelo e sem ganchos, com quatro ventosas.

Proglótides: Corpo segmentado com órgãos reprodutores.

Ciclo de vida

Ovos: Eliminados nas fezes do hospedeiro definitivo (roedores ou seres humanos).

Hospedeiro intermediário: Ovos ingeridos por um hospedeiro intermediário (vários artrópodes como pulgas ou besouros), onde se desenvolvem em larvas cisticercóides.

Hospedeiro definitivo: Os seres humanos ou roedores são infectados através da ingestão de hospedeiros intermediários que contêm larvas de cisticercóides. As larvas desenvolvem-se em ténias adultas nos intestinos.

Apresentação clínica

Assintomático: Muitas infecções são assintomáticas.

Sintomas: Nos casos sintomáticos, os sintomas podem incluir dor abdominal, náuseas, anorexia e diarreia.

Diagnóstico

Exame de fezes: Identificação de ovos caraterísticos em amostras de fezes.

Tratamento

Praziquantel: O medicamento de eleição.

Importância para a saúde pública

Tanto **a Hymenolepis nana** como **a Hymenolepis diminuta** são mais comuns em áreas com más práticas de saneamento e higiene. **A H. nana** é particularmente comum em crianças e populações institucionalizadas devido à facilidade de transmissão e ao potencial de autoinfeção. As medidas preventivas incluem:

Melhorar o saneamento: Eliminação correta das fezes humanas e de roedores para evitar a contaminação dos alimentos e da água.

Educação sobre higiene: Salientar a importância da lavagem das mãos, especialmente nas crianças.

Segurança alimentar: Evitar o consumo de alimentos contaminados com artrópodes.

Controlo de roedores: Reduzir as populações de roedores e controlar o acesso às áreas de armazenamento de alimentos para limitar a propagação de ***H. diminuta***.

Agentes causais

A himenolepíase é causada por duas espécies de cestodes (ténias), *Hymenolepis nana* (a ténia anã, adultos com 15 a 40 mm de comprimento) e *Hymenolepis diminuta* (ténia do rato, adultos com 20 a 60 cm de comprimento). *A*

Hymenolepis diminuta é um cestode de roedores pouco frequente nos seres humanos e frequentemente encontrado em roedores.

Hymenolepis nana

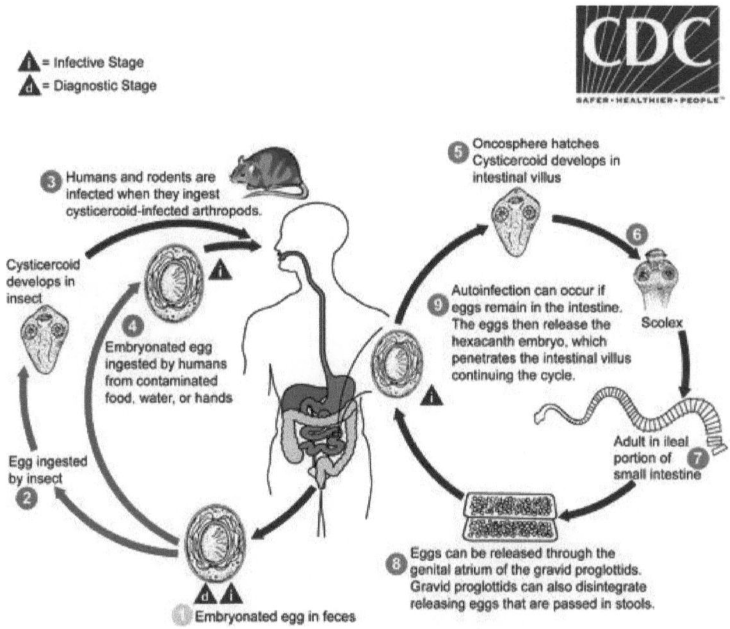

Figura 16. Ciclo de vida de Hymenolepis nana

Os ovos de *Hymenolepis nana* são imediatamente infecciosos quando são eliminados com as fezes e não podem sobreviver mais de 10 dias no ambiente externo ❶. Quando os ovos são ingeridos por um hospedeiro intermediário artrópode ❷ (várias espécies de escaravelhos e pulgas podem servir de hospedeiros intermediários), desenvolvem-se em cisticercóides, que podem infetar os seres humanos ou roedores após a ingestão ❸ e desenvolvem-se em adultos no intestino delgado. Uma variante morfologicamente idêntica, *H. nana* var. *fraterna*, infecta roedores e utiliza artrópodes como hospedeiros intermediários. Quando os ovos são ingeridos ❹ (em alimentos ou água contaminados ou nas mãos contaminadas com fezes), as oncosferas contidas nos ovos são libertadas. As oncosferas (larvas hexacanto) penetram nas vilosidades intestinais e desenvolvem-se em larvas cisticercoides ❺. Após a rutura das vilosidades, os cisticercóides regressam ao lúmen intestinal, evaginam as suas escamas ❻..., fixam-se à mucosa intestinal e desenvolvem-se em adultos que residem na porção ileal do intestino delgado, produzindo proglótides grávidas ❼. Os ovos são eliminados nas fezes quando libertados das proglótides através do seu átrio genital ou quando as proglótides se desintegram no intestino delgado ❽. Um modo alternativo de infeção consiste na autoinfecção interna, em que os ovos libertam o seu embrião hexacanto, que penetra nas vilosidades, continuando o ciclo infecioso sem passagem pelo meio externo ❾. O tempo de vida dos vermes adultos é de 4 a 6 semanas, mas a autoinfeção interna permite que a infeção persista durante anos.

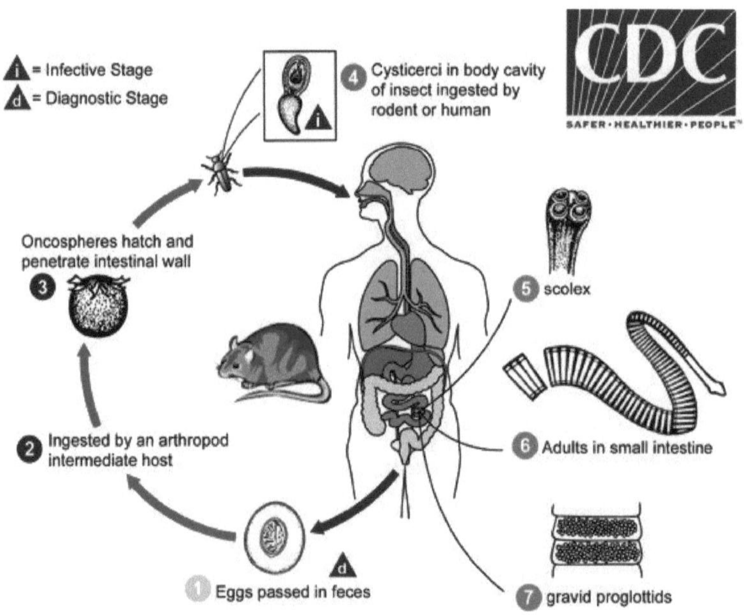

Figura 17. Cilindros de vida de Hymenolepis diminuta

Os ovos de *Hymenolepis diminuta* são eliminados nas fezes do hospedeiro definitivo infetado (roedores, homem) ❶. Os ovos maduros são ingeridos por um hospedeiro intermediário (vários artrópodes adultos ou larvas) ❷As oncosferas são libertadas dos ovos e penetram na parede intestinal do hospedeiro ❸ que se desenvolvem em larvas cisticercóides. As espécies do género *Tribolium* são hospedeiros intermediários comuns da *H. diminuta.* As larvas cisticercóides persistem durante a morfogénese do artrópode até à idade adulta. A infeção por *H. diminuta* é adquirida pelo hospedeiro mamífero após a ingestão de um hospedeiro intermediário portador das larvas cisticercóides ❹. Os seres humanos podem ser acidentalmente infectados através da ingestão de insectos presentes em cereais pré-cozinhados ou outros alimentos e diretamente do ambiente (por exemplo, exploração oral do ambiente por crianças). Após a ingestão, o tecido do artrópode infetado é digerido, libertando as larvas cisticercóides no estômago e no intestino delgado. A eversão dos escólexes ❺ ocorre pouco depois de as larvas cisticercóides serem libertadas. Utilizando as quatro ventosas do escólex, o parasita fixa-se à parede do intestino delgado. A maturação dos parasitas ocorre em 20 dias e os vermes adultos podem atingir uma média de 30 cm de comprimento ⑥. Os ovos são libertados no intestino delgado a partir de proglótides grávidas ⑦ que se desintegram depois de se separarem dos vermes adultos. Os ovos são expelidos para o ambiente através das fezes do hospedeiro mamífero ①.

4.4. Dipylidium caninum

O Dipylidium caninum, vulgarmente conhecido como ténia da pulga ou ténia do cão, é um cestode que infecta principalmente cães e gatos, mas também pode infetar seres humanos, especialmente crianças. O nome desta ténia deve-se à sua associação com as pulgas, que actuam como hospedeiros intermediários.

Morfologia

Tamanho: As ténias adultas têm tipicamente 15-70 cm de comprimento.

Escólex: O escólex tem quatro ventosas e um rostelo retrátil armado com várias filas de pequenos ganchos.

Proglótides: O corpo é composto por numerosas proglótides que se assemelham a sementes de pepino ou grãos de arroz quando secas. Cada proglótida contém dois conjuntos de órgãos reprodutores, daí o nome "Dipylidium" (poro duplo).

Ciclo de vida

Pacotes de ovos: As proglótides grávidas contendo pacotes de ovos são eliminadas nas fezes do hospedeiro definitivo (cães, gatos ou humanos). Estas proglótides podem ser vistas no ambiente ou à volta da região anal do hospedeiro.

Hospedeiro intermediário (pulgas e piolhos): Os pacotes de ovos são ingeridos por larvas de pulgas (Ctenocephalides spp.) ou piolhos (Trichodectes canis). No interior destes hospedeiros intermediários, os ovos desenvolvem-se em larvas cisticercóides.

Infeção do hospedeiro definitivo: O hospedeiro definitivo é infetado pela ingestão de pulgas ou piolhos que contêm larvas cisticercóides durante a escovagem. No intestino, as larvas cisticercóides desenvolvem-se em ténias adultas, completando o ciclo de vida.

Apresentação clínica

Nos animais:

Muitas infecções são assintomáticas.

Proglótides visíveis à volta da zona anal ou nas fezes.

Comichão ou irritação à volta do ânus (scooting).

Em infecções graves, perturbações gastrointestinais como diarreia, vómitos ou perda de peso.

Nos seres humanos:

Geralmente assintomática, mas pode causar sintomas gastrointestinais ligeiros, como dor abdominal ou diarreia.

Podem ser observadas proglótides nas fezes ou à volta da zona anal.

Diagnóstico

Observação: Identificação de proglótides ou pacotes de ovos caraterísticos nas fezes ou à volta da zona perianal.

Microscopia: Exame dos pacotes de ovos ao microscópio para identificação definitiva.

Tratamento

Praziquantel: O medicamento de eleição para o tratamento de infecções por Dipylidium caninum tanto em animais como em seres humanos.

Alternativa: A niclosamida também pode ser utilizada.

Prevenção

Controlo das pulgas: A forma mais eficaz de prevenir a infeção por Dipylidium caninum é controlar as infestações de pulgas nos animais de estimação e no seu ambiente.

Utilização regular de antipulgas nos animais de estimação.

Tratar a casa e o quintal contra as pulgas.

Boas práticas de higiene: Incentivar a lavagem regular das mãos, especialmente nas crianças, para reduzir o risco de ingestão de pulgas infectadas.

Desparasitação regular: Desparasitação de rotina dos animais de companhia para reduzir o risco de infeção.

Importância para a saúde pública

O Dipylidium caninum é um parasita zoonótico, o que significa que pode ser transmitido dos animais para os seres humanos. Embora as infecções humanas sejam relativamente raras e geralmente ligeiras, salientam a importância de boas práticas de cuidados com os animais de companhia, incluindo o controlo das pulgas e exames veterinários regulares. As medidas de saúde pública centram-se na educação dos donos de animais de estimação sobre os riscos e as estratégias de prevenção para minimizar a propagação desta ténia.

Agente causal

O Dipylidium caninum é uma ténia comum em cães e gatos, mas encontra-se ocasionalmente em seres humanos. Tem muitos nomes comuns, incluindo "ténia da pulga", "ténia do pepino" e "ténia de dois poros".

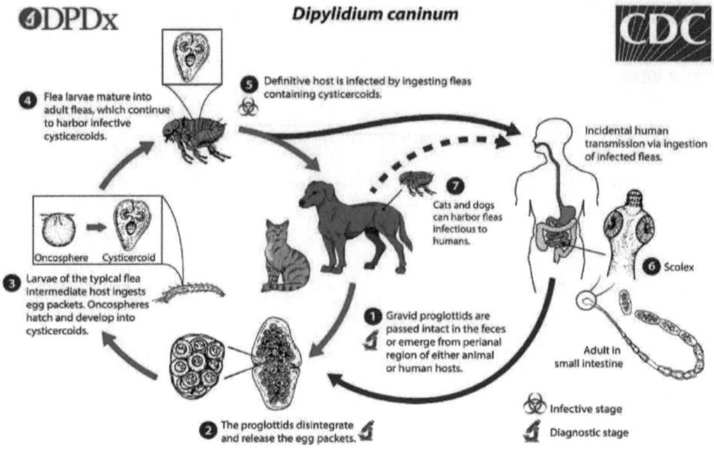

Figura 18. Ciclos de vida do Dipylidium caninum

As proglótides grávidas são eliminadas intactas nas fezes ou emergem da região perianal do hospedeiro (1). No ambiente, as proglótides desintegram-se e libertam pacotes de ovos, que também são ocasionalmente encontrados livres nas fezes (2). O hospedeiro intermediário (na maioria das vezes, estádios larvares da pulga do cão ou do gato *Ctenocephalides* spp.) ingere os pacotes de ovos e a oncosfera no seu interior é libertada no intestino da pulga larvar. A oncosfera penetra na parede intestinal, invade o hemocelo do inseto (cavidade corporal) e desenvolve-se num cisticercoide (3). O cisticercoide permanece na pulga enquanto esta passa de larva a adulto (4). O hospedeiro vertebrado fica infetado ao ingerir a pulga adulta que contém o cisticercoide (5). No intestino delgado do hospedeiro vertebrado, o cisticercoide desenvolve-se na ténia adulta após cerca de um mês. As ténias adultas (que medem até 60 cm de comprimento e 3 mm de largura) residem no intestino delgado do hospedeiro, onde se fixam pelo seu escólex (6). As proglótides grávidas, com dois poros, destacam-se da estróbila (corpo) e são libertadas nas fezes. Os seres humanos também contraem a infeção ao ingerir a pulga contaminada com cisticercóides. As crianças são as mais frequentemente infectadas, possivelmente devido ao contacto próximo com animais de estimação infestados de pulgas (7).

Anfitriões

Os canídeos e felídeos são os hospedeiros normais do *Dipylidium caninum.* O hospedeiro intermediário são geralmente as fases larvares da pulga do cão ou do gato (*Ctenocephalides* spp.) e, ocasionalmente, *Trichodectes canis* (piolho do cão).

Distribuição geográfica

Em todo o mundo, esta ténia é omnipresente e comum entre cães e gatos de companhia. A infeção humana é rara, mas foi registada em todos os continentes habitados.

4.5. *Diphyllobothrium latum*

A Diphyllobothrium latum, vulgarmente conhecida como ténia do peixe ou ténia larga, é a maior ténia humana, capaz de atingir comprimentos de até 10 metros ou mais. É transmitida principalmente através do consumo de peixe de água doce cru ou mal cozinhado. Esta ténia é conhecida por causar difilobotríase, uma infeção intestinal.

Morfologia

Tamanho: As minhocas adultas podem crescer até 10 metros de comprimento.

Escólex: O escólex é alongado e tem dois bothria (sulcos longitudinais) que funcionam como órgãos de fixação, em vez de ventosas ou ganchos.

Proglótides: O corpo é constituído por numerosas proglótides, que são mais largas do que compridas. Cada proglótida contém órgãos reprodutores masculinos e femininos.

Ciclo de vida

Ovos: Os ovos são eliminados nas fezes do hospedeiro definitivo (humanos ou outros mamíferos piscívoros) e libertados na água doce.

Coracidia: Na água, os ovos eclodem em larvas que nadam livremente, chamadas coracidia.

Primeiro hospedeiro intermediário (copépodes): Os coracídeos são ingeridos por copépodes (pequenos crustáceos de água doce), onde se desenvolvem em larvas procercoides.

Segundo hospedeiro intermediário (peixe): Os peixes ingerem copépodes infectados, e as larvas procercoides migram para os músculos dos peixes e desenvolvem-se em larvas plerocercoides (fase infecciosa).

Infeção do hospedeiro definitivo: Os seres humanos ou outros hospedeiros definitivos são infectados através do consumo de peixe cru ou mal cozinhado que contenha larvas de plerocercoides. No intestino, os plerocercoides desenvolvem-se em ténias adultas, que se fixam à parede intestinal e amadurecem.

Apresentação clínica

Assintomático: Muitas infecções são assintomáticas.

Sintomático:

Sintomas gastrointestinais: Desconforto abdominal, diarreia, vómitos e perda de peso.

Deficiência de vitamina B12: O D. latum pode absorver quantidades significativas de vitamina B12, levando a anemia megaloblástica em alguns casos. Os sintomas de anemia incluem fadiga, fraqueza e, em casos graves, perturbações neurológicas.

Diagnóstico

Exame de fezes: Identificação de ovos ou proglótides caraterísticos em amostras de fezes.

Análises de sangue: Deteção de anemia e níveis baixos de vitamina B12 em casos de suspeita de difilobotríase com anemia megaloblástica associada.

Tratamento

Praziquantel: O medicamento de eleição, geralmente administrado numa dose única.

Alternativa: A niclosamida também pode ser utilizada.

Prevenção

Cozinhar corretamente o peixe: Assegurar que o peixe de água doce é bem cozinhado ou congelado antes de ser consumido para matar as larvas infectantes.

Evitar peixe cru: Especialmente em regiões onde a difilobotríase é endémica, evitar pratos de peixe cru ou mal cozinhado, como sushi, sashimi, ceviche e carpaccio.

Educação para a saúde: Sensibilização para os riscos do consumo de peixe cru ou mal cozinhado e promoção de práticas adequadas de manuseamento dos alimentos.

Distribuição geográfica

O Diphyllobothrium latum encontra-se em regiões onde é comum as pessoas comerem peixe de água doce cru ou mal cozinhado. Estas regiões incluem partes da Europa, América do Norte (particularmente a região dos Grandes Lagos), Ásia e algumas zonas de África e da América do Sul.

Importância para a saúde pública

As infecções por ***Diphyllobothrium latum*** realçam a importância da segurança alimentar e da educação para a saúde pública. Embora a infeção em si seja frequentemente ligeira ou assintomática, o potencial de deficiência de vitamina B12 e a anemia resultante podem ter impactos significativos na saúde. As medidas de saúde pública centram-se na educação das comunidades sobre os riscos do consumo de peixe cru ou mal cozinhado e na implementação de práticas de segurança alimentar para reduzir a incidência da difilobotríase.

Agentes causais

Sabe-se que vários membros da família dos cestodes (ténias) Diphyllobothriidae infectam os seres humanos. Estes cestódeos pseudofilídeos têm um escólex com bothria (ranhuras), em vez de ventosas como nos cestódeos ciclofilídeos (o grupo que inclui quase todas as espécies que infectam o homem). Todas as espécies associadas a infecções humanas por difilobotriídeos têm ciclos de vida marinhos ou aquáticos e a transmissão ocorre através da ingestão de peixe mal cozinhado.

Pesquisas recentes que incorporam dados morfológicos e moleculares levaram à reclassificação e renomeação da maioria dos difilobotriídeos que infectam o homem. ***O Dibothriocephalus latus*** (=Diphyllobothrium *latum*), a "ténia do peixe largo", é geralmente considerado o agente mais comum da difilobotríase humana. No entanto, é possível que muitos casos históricos tenham sido falsamente atribuídos a esta espécie. ***Dibothriocephalus nihonkaiense*** (*=Diphyllobothrium nihonkaiense*), ***Dibothriocephalus dendriticus*** (*=Diphyllobothrium dendriticum*), ***Diphyllobothrium stemmacephalum*** (*=Diphyllobothrium stemmacephalum; =Diphyllobothrium yonagoense*), ***Diphyllobothrium balaenopterae*** (*=Diplogonoporus grandis; =Diplogonoporus balaenoptera*) e ***Adenocephalus pacificus*** *(=Diphyllobothrium pacificum*) também são conhecidos por infetar seres humanos. Existem relatos esporádicos de casos envolvendo várias outras espécies de difilobotriídeos, embora algumas das identificações de espécies nesses relatos sejam de validade questionável.

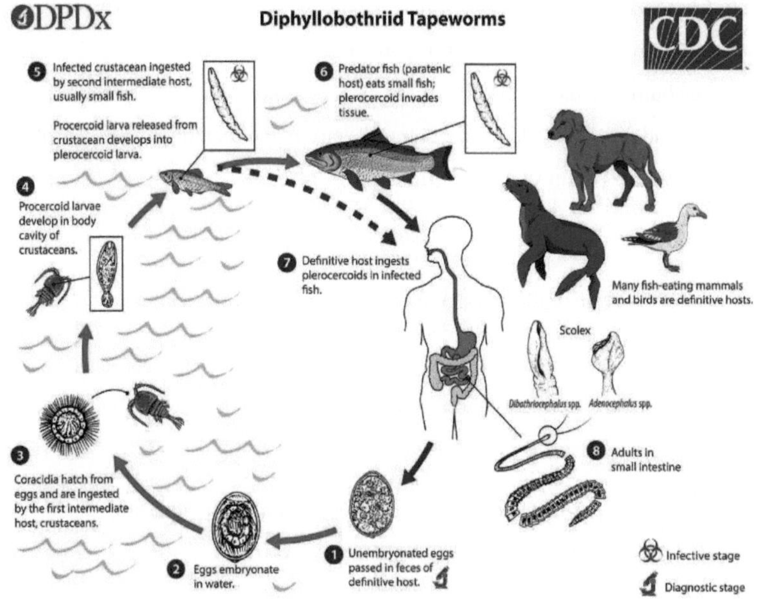

Figura 19. Ciclos de vida de Diphyllobothrium latum

Os ovos são eliminados não embrionados nas fezes ❶. Em condições adequadas, os ovos amadurecem (aproximadamente 18 a 20 dias) ❷ e produzem oncosferas que se desenvolvem num coracídio ❸. Após ingestão por um crustáceo adequado (primeiro hospedeiro intermediário), os coracídeos desenvolvem-se em larvas procercoides ❹. As larvas procercoides são libertadas do crustáceo após a predação pelo segundo hospedeiro intermediário (geralmente um pequeno peixe) e migram para os tecidos mais profundos onde se desenvolvem numa larva plerocercoide (espargata), que é o estádio infecioso para o hospedeiro definitivo ❺. Uma vez que os seres humanos não comem geralmente estas espécies de peixes pequenos crus, o segundo hospedeiro intermediário não representa provavelmente uma fonte importante de infeção humana. No entanto, estes pequenos segundos hospedeiros intermédios podem ser consumidos por espécies predadoras de maiores dimensões que, por sua vez, servem de hospedeiros paraténicos ❻. Neste caso, o plerocercoide migra para a musculatura do peixe predador maior; os seres humanos (e outras espécies hospedeiras definitivas) adquirem o parasita através do consumo de peixes hospedeiros paraténicos mal cozinhados ❼. No hospedeiro definitivo, o plerocercoide desenvolve-se em ténias adultas no intestino delgado. Os difilobotriídeos adultos fixam-se à mucosa intestinal por meio de dois sulcos bilaterais (bothria) do seu escólex ❽. Os adultos podem atingir mais de 10 m de comprimento, com mais de 3.000 proglótides. Os ovos imaturos são libertados das proglótides (até 1.000.000 de ovos por dia por verme) e são eliminados nas fezes. Os ovos aparecem nas fezes 5 a 6 semanas após a infeção.

4.6. Equinococo granuloso

O Echinococcus granulosus é um cestode parasita (ténia) responsável por causar equinococose quística (EC), também conhecida como doença hidática, nos seres humanos e em vários animais. Esta infeção zoonótica é predominante em áreas onde a criação de gado é comum e envolve um ciclo de vida complexo com hospedeiros definitivos e intermédios.

Morfologia

Tamanho: Os vermes adultos são relativamente pequenos, medindo 2-7 mm de comprimento.

Scolex: O scolex está equipado com quatro ventosas e uma fila dupla de ganchos.

Proglótides: O corpo é composto por três proglótides: imatura, madura e grávida. A proglótida gravídica contém numerosos ovos.

Ciclo de vida

Hospedeiros definitivos (Caninos): As ténias adultas residem no intestino delgado dos canídeos (cães e outros canídeos).

Ovos: As proglótides grávidas libertam ovos que são excretados nas fezes do hospedeiro definitivo.

Hospedeiros intermediários (herbívoros e seres humanos): Os ovos são ingeridos por hospedeiros intermediários, como ovinos, bovinos, suínos e humanos. No intestino do hospedeiro intermediário, os ovos eclodem em oncosferas, que penetram na parede intestinal e migram através da corrente sanguínea para vários órgãos, principalmente o fígado e os pulmões.

Cistos hidáticos: As oncosferas desenvolvem-se em quistos hidáticos nos órgãos do hospedeiro intermediário. Estes quistos contêm numerosos protoscolices (fase larvar) e podem crescer até um tamanho significativo, causando danos nos órgãos afectados.

Infeção do hospedeiro definitivo: Os caninos são infectados através da ingestão de órgãos de hospedeiros intermediários que contêm quistos hidáticos. No intestino do canino, os protoscolículos desenvolvem-se em ténias adultas, completando o ciclo de vida.

Apresentação clínica

Assintomático: Muitos casos permanecem assintomáticos durante anos devido ao crescimento lento dos quistos hidáticos.

Sintomático:

Fígado: Dor abdominal, hepatomegalia, iterícia e, em casos graves, rutura do quisto causando reacções anafiláticas.

Pulmões: Tosse, dor no peito, hemoptise e falta de ar.

Outros órgãos: Menos frequentemente, os quistos podem desenvolver-se no cérebro, nos rins, no baço ou nos ossos, causando vários sintomas consoante o órgão envolvido.

Diagnóstico

Imagiologia: Os exames de ultra-sons, TAC ou RMN são utilizados para detetar e avaliar os quistos hidáticos.

Testes serológicos: A deteção de anticorpos específicos contra o Echinococcus granulosus pode ajudar no diagnóstico.

Histopatologia: O exame dos quistos obtidos durante a cirurgia ou a biopsia pode confirmar o diagnóstico.

Tratamento

Remoção cirúrgica: O tratamento primário para os quistos hidáticos envolve a remoção cirúrgica, especialmente no caso de quistos grandes ou complicados.

Técnica PAIRS: A aspiração percutânea, injeção e re-aspiração (PAIR) é um procedimento minimamente invasivo utilizado para tratar quistos hidáticos.

Medicação antiparasitária: O albendazol ou o mebendazol são utilizados para tratar casos inoperáveis ou como adjuvante da cirurgia.

Prevenção

Desparasitação de cães: Desparasitação regular dos cães para eliminar as ténias adultas.

Práticas de higiene: Lavagem correta das mãos e saneamento para evitar a ingestão de ovos.

Controlo dos hospedeiros intermediários: Eliminação adequada das miudezas dos animais para evitar que os caninos tenham acesso a órgãos infectados.

Educação para a saúde pública: Sensibilização para os riscos da doença hidatiforme e promoção de medidas preventivas em zonas endémicas.

Distribuição geográfica

O Echinococcus granulosus encontra-se em todo o mundo, mas é especialmente comum em regiões onde a criação de ovinos é predominante, incluindo partes da América do Sul, Mediterrâneo, Europa Oriental, Médio Oriente, África e Ásia Central.

Importância para a saúde pública

A equinococose cística causada por ***Echinococcus granulosus*** é um importante problema de saúde pública devido ao seu impacto tanto na saúde humana como na produtividade do gado. As medidas de saúde pública centram-se no controlo do ciclo de transmissão através da desparasitação regular dos cães, do manuseamento e eliminação adequados das miudezas do gado e da educação das comunidades sobre a importância da higiene e das práticas preventivas.

Equinococose

Agentes causais

A equinococose humana (hidatidose ou doença hidática) é causada pelas fases larvares de cestodes (ténias) do género *Echinococcus. O Echinococcus granulosus* (sensu lato) causa a equinococose quística e é a forma mais frequentemente encontrada. Outra espécie, *E. multilocularis,* causa a equinococose alveolar e está a tornar-se cada vez mais comum. Duas espécies exclusivas do Novo Mundo, *E. vogeli* e *E. oligarthrus,* estão associadas à "equinococose neotropical"; *a E. vogeli* causa uma forma policística, enquanto *a E. oligarthrus* causa a forma unicística extremamente rara.

Foram identificados muitos genótipos de *E. granulosus* que diferem na sua distribuição, gama de hospedeiros e algumas caraterísticas morfológicas; estes são frequentemente agrupados em espécies separadas na literatura moderna. Os genótipos zoonóticos conhecidos no âmbito do complexo *E. granulosus* sensu lato incluem o *E. granulosus* sensu stricto "clássico" (genótipos G1-G3), o *E. ortleppi* (G5) e o grupo *E. canadensis* (geralmente considerado G6, G7, G8 e G10). A investigação sobre a epidemiologia e a diversidade destes genótipos está em curso e, até à data, não se chegou a um consenso sobre a nomenclatura adequada.

Ciclo de vida

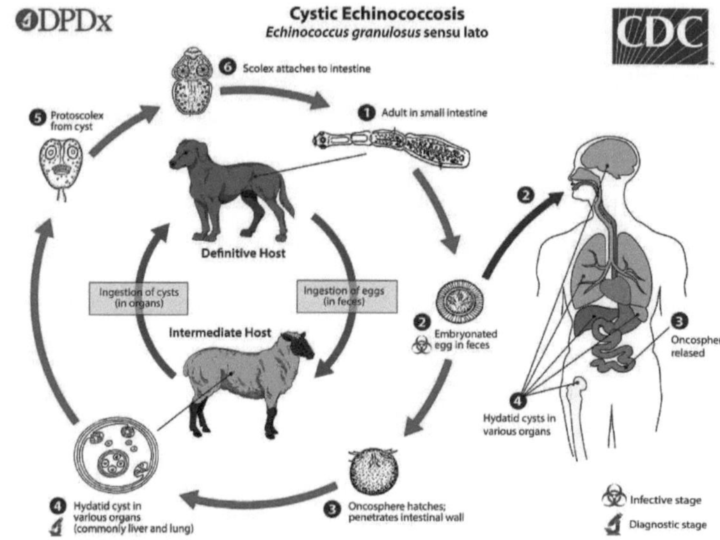

Figura 20. Equinococose cística (Echinococcus granulosus sensu lato)

O *Echinococcus granulosus* (sensu lato) adulto (2-7 mm de comprimento) ❶ reside no intestino delgado do hospedeiro definitivo. As proglótides grávidas libertam ovos ❷ que são eliminados nas fezes e são imediatamente infecciosos. Após a ingestão por um hospedeiro intermediário adequado, os ovos eclodem no intestino delgado e libertam oncosferas de seis ganchos ❸ que penetram na parede intestinal e migram através do sistema circulatório para vários órgãos, especialmente o fígado e os pulmões. Nestes órgãos, a oncosfera desenvolve-se num quisto hidático de paredes espessas ❹ que aumenta gradualmente, produzindo protoscolices e cistos filhos que preenchem o interior do cisto. O hospedeiro definitivo é infetado ao ingerir os órgãos que contêm o quisto do hospedeiro intermediário infetado. Após a ingestão, os protoscolículos ❺ evaginam, fixam-se na mucosa intestinal ❻ e desenvolvem-se em fases adultas ❶ em 32 a 80 dias.

Os seres humanos são hospedeiros intermediários aberrantes e são infectados pela ingestão de ovos ❷ . As oncosferas são libertadas no intestino ❸ e os quistos hidáticos desenvolvem-se numa variedade de órgãos ❹ . Se os quistos se romperem, os protoscolicios libertados podem criar quistos secundários noutros locais do corpo (equinococose secundária).

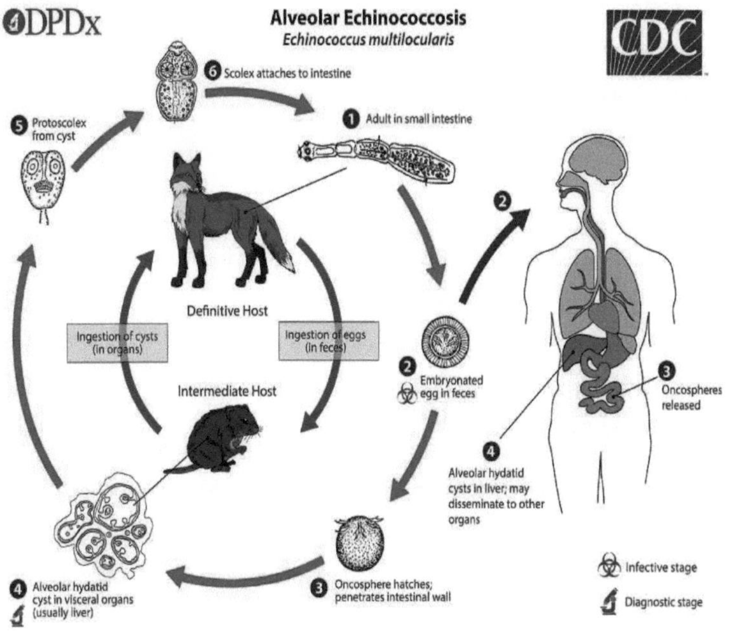

Figura 21. Ciclos de vida da equinococose alveolar (Echinococcus multilocularis)

O *Echinococcus multilocularis* adulto (1,2-4,5 mm de comprimento) ❶ reside no intestino delgado do hospedeiro definitivo. As proglótides grávidas libertam ovos ❷ que são eliminados nas fezes e são imediatamente infecciosos. Após a ingestão por um hospedeiro intermediário adequado, os ovos eclodem no intestino delgado e libertam uma oncosfera de seis ganchos ❸ que penetra na parede intestinal e migra através do sistema circulatório para vários órgãos (principalmente o fígado para a *E. multilocularis*). A oncosfera desenvolve-se num quisto hidático multicameral ("multilocular"), de paredes finas (alveolar) ❹ que prolifera por brotamento sucessivo para o exterior. Numerosos protoscolices desenvolvem-se no interior destes quistos. O hospedeiro definitivo é infetado ao ingerir os órgãos que contêm o quisto do hospedeiro intermediário infetado. Após a ingestão, os protoscolículos ❺ evaginam, fixam-se na mucosa intestinal ❻ intestinal e desenvolvem-se até à fase adulta em 32 a 80 dias. ❶ Os seres humanos são hospedeiros intermediários aberrantes e são infectados pela ingestão de ovos ❷ . As oncosferas ❸ são libertadas no intestino e os quistos desenvolvem-se no fígado ❹ . Podem ocorrer metástases ou disseminação para outros órgãos (por exemplo, pulmões, cérebro, coração, ossos) se forem libertados protoscolisões dos quistos, o que por vezes se designa por "equinococose secundária".

4.6. Equinococose neotropical (*Echinococcus vogeli, E. oligarthrus*)

Os agentes neotropicais seguem o mesmo ciclo de vida, embora com diferenças nos hospedeiros, na morfologia e na estrutura dos cistos. Os adultos de *E. vogeli* atingem até 5,6 mm de comprimento e os de *E. oligarthrus* até 2,9 mm. Os quistos são geralmente semelhantes aos encontrados na equinococose quística, mas têm várias câmaras.

Anfitriões

Os hospedeiros definitivos *do Echinococcus granulosus* são os canídeos selvagens e domésticos. Os hospedeiros intermediários naturais dependem do genótipo. Os hospedeiros intermediários para espécies/genótipos zoonóticos são geralmente ungulados, incluindo ovinos e caprinos (*E. granulosus* sensu stricto), bovinos (*"E. ortleppi"*/G5), camelos (*"E. canadensis"/G6*) e cervídeos (*"E. canadensis"/G8*, G10).

Relativamente à *E. multilocularis,* as raposas, especialmente as raposas vermelhas (*Vulpes vulpes*), são as principais espécies hospedeiras definitivas. Outros canídeos, incluindo cães domésticos, lobos e cães-guaxinim (*Nyctereutes procyonoides*) são também hospedeiros definitivos competentes. Muitos roedores podem servir de hospedeiros intermédios, mas os membros da subfamília Arvicolinae (ratazanas, lemingues e roedores afins) são os mais típicos.

O hospedeiro definitivo natural de *E. vogeli* é o cachorro-do-mato (*Speothos venaticus*) e, possivelmente, cães domésticos. As pacas (*Cuniculus paca*) e as cutias (*Dasyprocta* spp.) são hospedeiros intermediários conhecidos. *A E. oligarthrus* utiliza felídeos neotropicais selvagens (por exemplo, jaguatiricas, pumas, jaguarundi) como hospedeiros definitivos e uma maior variedade de roedores e lagomorfos como hospedeiros intermediários.

5. Helmintologia - Nemátodos

5.1. Introdução

A Helmintologia é o estudo dos vermes parasitas, conhecidos como helmintas. Os nemátodos, também designados por lombrigas, constituem um grupo importante neste domínio. São vermes cilíndricos, não segmentados, com um sistema digestivo completo, incluindo uma boca e um ânus. Os nemátodos estão entre os animais mais abundantes na Terra, encontrando-se em vários habitats, incluindo solo, água doce, ambientes marinhos e como parasitas em plantas e animais.

Principais caraterísticas dos nemátodos

Estrutura do corpo: Os nemátodos têm um corpo simples, alongado e cilíndrico que é coberto por uma cutícula externa resistente. Esta cutícula é periodicamente eliminada e substituída à medida que o nemátodo cresce.

Sistema digestivo: Possuem um trato digestivo completo, com boca, faringe, intestino e ânus. Isto permite uma passagem unidirecional dos alimentos.

Reprodução: A maioria dos nemátodos reproduz-se sexualmente, com indivíduos machos e fêmeas distintos. Algumas espécies podem também reproduzir-se por partenogénese (reprodução assexuada).

Sistema nervoso: Os nemátodos têm um sistema nervoso relativamente simples, com um anel nervoso à volta da faringe e cordões nervosos longitudinais.

Locomoção: Deslocam-se ondulando o corpo em forma de chicote, facilitado por músculos longitudinais.

Ciclo de vida

O ciclo de vida dos nemátodos pode variar significativamente entre espécies, mas geralmente inclui as seguintes fases:

Ovo: Os nemátodos começam a sua vida como ovos, que são postos por fêmeas adultas. Estes ovos podem ser depositados no ambiente externo ou no interior do organismo hospedeiro.

Estágios larvais: O ovo eclode numa larva, que normalmente sofre várias mudas antes de se transformar num adulto. Dependendo da espécie, pode haver um ou mais estágios larvais.

Adulto: O nemátodo maduro é capaz de se reproduzir, continuando o ciclo de vida.

Nemátodos de importância médica

***Ascaris lumbricoides**:* Um dos maiores e mais comuns nemátodos parasitas nos seres humanos. Provoca ascaridíase, levando à desnutrição e ao bloqueio intestinal.

Enterobius vermicularis: Conhecido como o verme do alfinete, causa enterobíase, particularmente comum em crianças e caracterizada por prurido perianal intenso.

Ancylostoma duodenale **e Necator americanus**: Estes ancilostomídeos causam uma morbilidade significativa, provocando anemia e deficiência proteica.

***Trichuris trichiura**:* O verme da tricuríase, que pode provocar sintomas gastrointestinais e prolapso rectal.

***Strongyloides stercoralis**:* Causa a estrongiloidíase, levando a uma série de sintomas gastrointestinais e respiratórios.

***Wuchereria bancrofti e Brugia malayi**:* São vermes filariais linfáticos que causam filariose linfática, levando à elefantíase.

Controlo e tratamento

Medicamentos anti-helmínticos: Medicamentos como o albendazol, o mebendazol, a ivermectina e o praziquantel são normalmente utilizados para tratar infecções por nemátodos.

Saneamento e higiene: A melhoria das práticas de saneamento e de higiene pessoal é fundamental para evitar a propagação de nemátodos.

Educação sanitária: As iniciativas de saúde pública e a educação sobre a transmissão e a prevenção podem ajudar a reduzir as taxas de infeção.

Controlo ambiental: As medidas de controlo dos vectores e dos hospedeiros intermediários no ambiente também desempenham um papel importante na gestão das infecções por nemátodos.

Conclusão

Os nemátodos são um grupo diversificado e generalizado de parasitas com impactos médicos e económicos significativos. Compreender a sua biologia, ciclo de vida e métodos de controlo é essencial para uma gestão e tratamento eficazes das doenças que causam.

5.2. *Trichinella spiralis*

A Trichinella spiralis é um nemátodo parasita responsável pela doença triquinose (também conhecida como triquinelose). Este parasita é único na medida em que pode infetar tanto animais selvagens como domésticos, bem como seres humanos, o que o torna um agente patogénico zoonótico.

Morfologia

Adultos: De tamanho pequeno, com os machos a medirem cerca de 1,4-1,6 mm de comprimento e as fêmeas 3-4 mm.

Larvas: As larvas encistadas estão enroladas e encontram-se no tecido muscular do hospedeiro.

Ciclo de vida

O ciclo de vida da *Trichinella spiralis* envolve várias fases, que ocorrem num único hospedeiro:

Ingestão: A infeção começa quando o hospedeiro ingere carne que contém larvas encistadas.

Libertação das larvas: No estômago, as enzimas digestivas libertam as larvas dos quistos.

Fase Intestinal: As larvas transformam-se em vermes adultos no intestino delgado. As fêmeas produzem então larvas que penetram na parede intestinal.

Migração e encistamento: Estas larvas viajam através da corrente sanguínea e do sistema linfático até aos músculos estriados, onde encistam e permanecem viáveis durante anos.

Epidemiologia

Hospedeiros: A triquina pode infetar uma vasta gama de mamíferos, incluindo porcos, javalis, ursos e seres humanos.

Transmissão: Principalmente através do consumo de carne crua ou mal cozinhada contendo larvas encistadas.

Distribuição geográfica: Encontrada em todo o mundo, com maior prevalência em regiões onde o consumo de carne crua ou mal cozinhada é comum.

Apresentação clínica

A triquinose pode ser dividida em três fases com base no momento em que surgem os sintomas após a infeção:

Fase entérica (1-2 semanas pós-infeção):

Sintomas gastrointestinais como náuseas, diarreia, vómitos e dores abdominais.

Fase invasiva (2-8 semanas pós-infeção):

Dores musculares, inchaço e fraqueza devido à encistamento das larvas nos músculos.

Febre, dor de cabeça, arrepios e inchaço da face, especialmente à volta dos olhos.

Os casos graves podem levar a miocardite, encefalite e pneumonia.

Fase de encistamento (meses a anos após a infeção):

Dores musculares crónicas e fadiga.

Os sintomas geralmente desaparecem, mas a dor e a fraqueza muscular podem persistir.

Diagnóstico

Sintomas clínicos e história: Suspeita inicial baseada nos sintomas caraterísticos e na história de consumo de carne mal cozinhada.

Testes laboratoriais:

Eosinofilia nas análises ao sangue.

Elevação das enzimas musculares (por exemplo, creatina quinase, lactato desidrogenase).

Serologia: Deteção de anticorpos específicos contra *Trichinella.*

Biópsia muscular: Identificação de larvas encistadas no tecido muscular, embora seja menos frequente devido ao seu carácter invasivo.

Tratamento

Anti-helmínticos: O albendazol ou o mebendazol são os fármacos de eleição. São mais eficazes durante a fase intestinal e a fase invasiva inicial.

Cuidados de apoio: Analgésicos e medicamentos anti-inflamatórios para controlar a dor e a inflamação.

Corticosteróides: Em casos graves, para reduzir a inflamação e as complicações.

Prevenção e controlo

Cozinhar corretamente: Assegurar uma cozedura completa da carne, especialmente de porco e de caça selvagem, para matar as larvas encistadas. A congelação da carne também pode matar as larvas, mas a eficácia varia consoante a espécie de *triquina.*

Inspeção da carne: Inspeção regular de produtos à base de carne, especialmente carne de porco, para deteção de larvas encistadas.

Educação para a saúde pública: Informar o público sobre os riscos do consumo de carne crua ou mal cozinhada.

Controlo em populações animais: Implementação de medidas de controlo de *triquinas* em suínos domésticos e outros animais de criação.

Conclusão

A Trichinella spiralis é um importante nemátodo parasita com um ciclo de vida complexo e graves implicações para a saúde humana e animal. Compreender a sua biologia, transmissão e métodos de diagnóstico, tratamento e prevenção é essencial para controlar a triquinose e reduzir o seu impacto na saúde pública.

Triquinelose

Agentes causais

A triquinose é causada por nemátodos (vermes redondos) do género *Trichinella.* Para além do agente clássico *T. spiralis* (encontrado em todo o mundo em muitos animais carnívoros e omnívoros), são agora reconhecidas várias outras espécies de *Trichinella*, incluindo *T. pseudospiralis* (mamíferos e aves em todo o mundo), *T. nativa* (ursos do Ártico), *T. nelsoni* (predadores e necrófagos africanos), *T. britovi* (carnívoros da Europa e da Ásia Ocidental) e *T. papuae* (porcos selvagens e domésticos, Papua Nova Guiné e Tailândia). *A Trichinella zimbabwensis* encontra-se em crocodilos em África, mas até à data não se conhecem associações desta espécie a doenças humanas.

Dependendo da classificação utilizada, existem várias espécies de *Trichinella*: *T. spiralis*, *T. pseudospiralis*, *T. nativa*, *T. murelli*, *T. nelsoni*, *T. britovi*, *T. papuae* e *T. zimbabwensis*, todas elas, exceto a última, foram implicadas em doenças humanas. Os vermes adultos e as larvas encistadas desenvolvem-se num único hospedeiro vertebrado, e um animal infetado serve como hospedeiro definitivo e potencial hospedeiro intermediário. É necessário um segundo hospedeiro para perpetuar o ciclo de vida das *triquinas*. O ciclo doméstico envolveu mais frequentemente porcos e roedores antropofílicos, mas outros animais domésticos, como cavalos, podem estar envolvidos. No ciclo silvático, a gama de animais infectados é grande, mas os animais mais frequentemente associados como fontes de infeção humana são o urso, o alce e o javali.

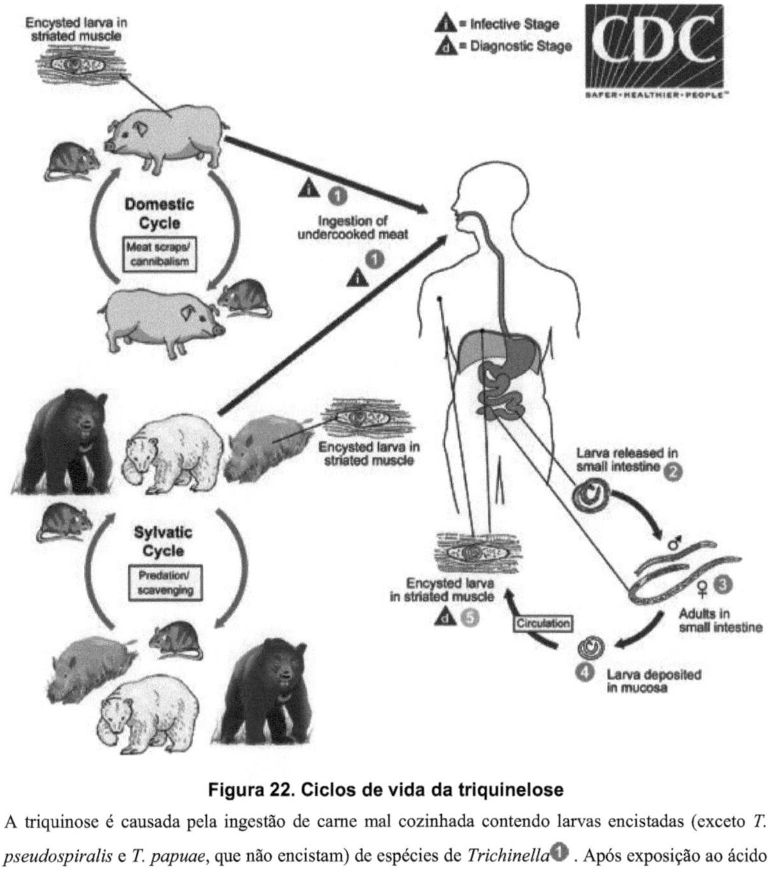

Figura 22. Ciclos de vida da triquinelose

A triquinose é causada pela ingestão de carne mal cozinhada contendo larvas encistadas (exceto *T. pseudospiralis* e *T. papuae*, que não encistam) de espécies de *Trichinella*❶. Após exposição ao ácido gástrico e à pepsina, as larvas são libertadas dos quistos❷ e invadem a mucosa do intestino delgado, onde se desenvolvem em vermes adultos❸. As fêmeas têm 2,2 mm de comprimento e os machos 1,2 mm. O tempo de vida no intestino delgado é de cerca de quatro semanas. Após uma semana, as fêmeas libertam larvas❹ que migram para os músculos estriados onde encistam❺. O diagnóstico é geralmente efectuado com base nos sintomas clínicos e é confirmado por serologia ou pela identificação de larvas encistadas ou não encistadas em amostras de biopsia ou autópsia.

5.3. Trichuris trichiura

O Trichuris trichiura, vulgarmente conhecido como tricurídeo, é um nemátodo parasita que infecta o intestino grosso dos seres humanos. Provoca a tricuríase, um tipo de helmintíase transmitida pelo solo. O nome "tricurídeo" vem da sua forma caraterística, semelhante a um chicote.

Morfologia

Adultos:

Tamanho: As fêmeas são maiores, medindo 3,5-5 cm, enquanto os machos medem 3-4,5 cm.

Forma: A extremidade anterior é fina e semelhante a um chicote, enquanto a extremidade posterior é mais grossa e assemelha-se a uma pega.

Cor: esbranquiçada a rosada.

Ovos:

Forma: Em forma de limão ou de barril com tampões bipolares.

Tamanho: Cerca de 50-54 µm de comprimento e 22-23 µm de largura.

Concha: Espessa, castanha-amarelada devido à coloração biliar.

Ciclo de vida

Ovos no solo: Os ovos são transmitidos nas fezes de indivíduos infectados e necessitam de cerca de 15-30 dias no solo para se tornarem infecciosos.

Ingestão: Os seres humanos são infectados pela ingestão de alimentos ou água contaminados pelo solo que contenham ovos embrionados.

Desenvolvimento das larvas: Os ovos ingeridos eclodem no intestino delgado, libertando as larvas.

Migração e Maturação: As larvas migram para o intestino grosso, onde se fixam na mucosa e amadurecem até se tornarem adultas.

Reprodução: Os vermes adultos residem no ceco e no cólon ascendente, onde as fêmeas produzem ovos que são eliminados nas fezes.

Epidemiologia

Hospedeiros: Infecta principalmente os seres humanos.

Transmissão: Via fecal-oral, frequentemente através do solo contaminado.

Distribuição Geográfica: Predominantemente em regiões tropicais e subtropicais com saneamento básico deficiente. Elevada prevalência em áreas com sistemas de eliminação de resíduos inadequados.

Apresentação clínica

A gravidade da tricuríase depende da carga de vermes:

Infecções ligeiras:

Frequentemente assintomático.

Desconforto abdominal ligeiro.

Infecções moderadas a graves:

Dor e sensibilidade abdominal.

Diarreia, que pode ser sanguinolenta em casos graves.

Prolapso rectal, especialmente em crianças.

Atraso de crescimento e anemia em casos crónicos devido a perdas de sangue e má nutrição.

Diagnóstico

Exame de fezes: Identificação de ovos caraterísticos em amostras fecais utilizando microscopia.

Colonoscopia: Visualização direta de vermes adultos no cólon.

Sintomas clínicos: Correlacionados com dados epidemiológicos e achados laboratoriais.

Tratamento

Anti-helmínticos:

Mebendazol: Normalmente administrado durante 3 dias.

Albendazol: Outra opção eficaz.

Cuidados de apoio: Suplementação de ferro para a anemia, apoio nutricional para doentes malnutridos.

Tratamento de co-infecções: Frequentemente necessário, uma vez que a tricuríase pode coexistir com outros helmintas transmitidos pelo solo.

Prevenção e controlo

Saneamento: Melhoria das instalações sanitárias para reduzir a contaminação do solo com fezes humanas.

Educação sobre higiene: Promover a lavagem das mãos com sabão, especialmente antes de comer e depois de defecar.

Práticas alimentares seguras: Lavar bem as frutas e os legumes e garantir água potável.

Desparasitação periódica: Em zonas endémicas, programas de administração maciça de medicamentos (MDA) dirigidos a crianças em idade escolar e a populações em risco.

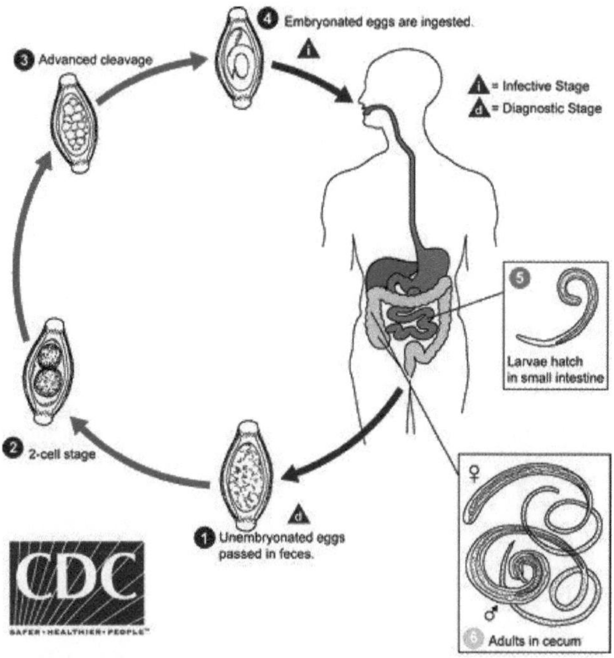

Figura 23. Cilindros de vida de Trichurias trichuria

Os ovos não embrionados são eliminados com as fezes ❶. No solo, os ovos desenvolvem-se numa fase de 2 células ❷, numa fase de clivagem avançada ❸e depois embrionam ❹os ovos tornam-se infecciosos em 15 a 30 dias. Após a ingestão (mãos ou alimentos contaminados pelo solo), os ovos eclodem no intestino delgado e libertam larvas ❺ que amadurecem e se estabelecem como adultos no cólon ❻. Os vermes adultos (com cerca de 4 cm de comprimento) vivem no ceco e no cólon ascendente. Os vermes adultos fixam-se nesse local, com as porções anteriores enfiadas na mucosa. As fêmeas começam a ovipositar 60 a 70 dias após a infeção. Os vermes fêmeas no ceco libertam entre 3.000 e 20.000 ovos por dia. O tempo de vida dos adultos é de cerca de 1 ano.

5.4. *Strongyloides stercoralis*

O Strongyloides stercoralis é um nemátodo parasita (lombriga) que infecta os seres humanos e alguns primatas. É vulgarmente conhecido como lombriga ou lombriga filiforme devido à sua aparência delgada e filiforme.

Morfologia

Adultos:

Tamanho: As fêmeas medem cerca de 2,2 mm de comprimento, enquanto os machos são mais pequenos, cerca de 1 mm.

Forma: A extremidade anterior é afunilada, assemelhando-se a um fio, daí o nome "threadworm".

Cor: esbranquiçada a transparente.

Ciclo de vida:

Fase de vida livre: As larvas infecciosas desenvolvem-se no solo a partir de ovos transmitidos nas fezes humanas.

Penetração: As larvas penetram na pele dos seres humanos, normalmente através dos pés descalços ou de outra pele exposta.

Migração e Maturação: Depois de entrarem na corrente sanguínea, as larvas migram para os pulmões, onde se transformam em adultos.

Via respiratória: Os adultos sobem pelo trato respiratório, são engolidos e chegam ao intestino delgado para amadurecerem em vermes adultos.

Autoinfecção: Uma caraterística única em que as larvas produzidas no intestino podem reinfectar o hospedeiro sem sair do corpo.

Epidemiologia

Hospedeiros: Infecta principalmente os seres humanos, mas também pode infetar certos primatas.

Transmissão: Contacto com o solo contaminado, sobretudo em regiões tropicais e subtropicais com más condições sanitárias.

Distribuição Geográfica: Encontrado em todo o mundo, mas mais prevalente em áreas tropicais e subtropicais.

Apresentação clínica

A estrongiloidíase pode variar muito em termos de gravidade e apresentação:

Infeção aguda:

Frequentemente assintomática ou com sintomas ligeiros que se assemelham a perturbações gastrointestinais (dor abdominal, diarreia).

Podem ocorrer sintomas respiratórios durante a migração das larvas através dos pulmões.

Infeção crónica:

Episódios recorrentes de dor abdominal, diarreia e perda de peso.

Manifestações cutâneas como urticária ou larva currens (erupção cutânea serpiginosa e pruriginosa) devido à migração das larvas sob a pele.

Sintomas pulmonares em casos crónicos, incluindo tosse e pieira.

Síndrome de hiperinfecção:

Ocorre em indivíduos imunocomprometidos (por exemplo, utilização de corticosteróides, infeção por HTLV-1).

Multiplicação rápida das larvas, o que leva a uma infeção fulminante.

Dor abdominal grave, ileus, sépsis e infeção disseminada potencialmente fatal envolvendo múltiplos órgãos.

Diagnóstico

Exame de fezes: Identificação de larvas ou ovos em amostras de fezes utilizando microscopia. No entanto, as larvas podem nem sempre ser detectáveis, especialmente em casos crónicos.

Serologia: A deteção de anticorpos contra *Strongyloides* pode apoiar o diagnóstico, especialmente nos casos em que as larvas não são encontradas nas fezes.

Biópsia da pele: As larvas podem por vezes ser identificadas em amostras de biópsia da pele em casos de larva currens.

Tratamento

Anti-helmínticos:

Ivermectina: O tratamento mais eficaz e mais utilizado.

Albendazol: Opção de tratamento alternativa, embora menos eficaz contra as larvas.

Síndrome de hiperinfecção: Requer doses mais elevadas de anti-helmínticos e, frequentemente, em combinação com antibióticos de largo espetro para gerir infecções bacterianas secundárias.

Gestão da imunossupressão: Ajustar ou reduzir a terapêutica imunossupressora, se possível, em doentes imunocomprometidos.

Prevenção e controlo

Saneamento e higiene: Promover a eliminação adequada dos resíduos humanos e evitar o contacto com o solo contaminado.

Calçado: Usar sapatos ou outro calçado de proteção para evitar a penetração das larvas na pele.

Educação: Educar os indivíduos em áreas endémicas sobre os riscos da estrongiloidíase e as medidas preventivas.

Conclusão

Compreender o ciclo de vida, a epidemiologia, as manifestações clínicas, o diagnóstico, o tratamento e a prevenção do *Strongyloides stercoralis* é crucial para gerir e controlar esta infeção parasitária, especialmente em regiões onde é endémica e entre populações imunocomprometidas em risco de complicações graves.

Triquíase

Ciclo de vida

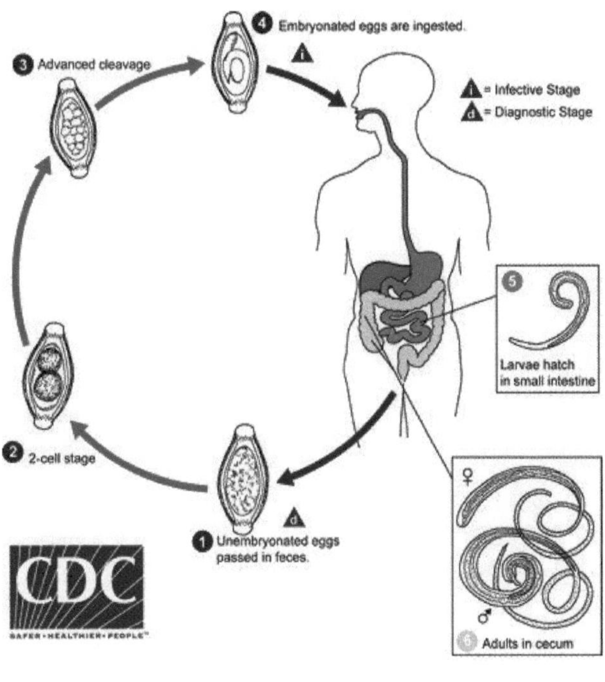

Figura 24. Ciclos de vida do Trichuris trichiura

Os ovos não embrionados são eliminados com as fezes ❶. No solo, os ovos desenvolvem-se numa fase de 2 células ❷, numa fase de clivagem avançada ❸e depois embrionam ❹os ovos tornam-se infecciosos em 15 a 30 dias. Após a ingestão (mãos ou alimentos contaminados pelo solo), os ovos eclodem no intestino delgado e libertam larvas ❺ que amadurecem e se estabelecem como adultos no cólon ❻. Os vermes adultos (com cerca de 4 cm de comprimento) vivem no ceco e no cólon ascendente. Os vermes adultos fixam-se nesse local, com as porções anteriores enfiadas na mucosa. As fêmeas começam a ovipositar 60 a 70 dias após a infeção. Os vermes fêmeas no ceco libertam entre 3.000 e 20.000 ovos por dia. O tempo de vida dos adultos é de cerca de 1 ano.

Estrongiloidíase

Agentes causais

O nemátodo rabditide (lombriga) *Strongyloides stercoralis* é o principal agente causador da estrongiloidíase em humanos. As espécies mais raras de *Strongyloides* que infectam o homem são as zoonóticas *S. fuelleborni* (*fülleborni*) subsp. *fuelleborni* e *S. fuelleborni* subsp. *kellyi*, cujo único hospedeiro atualmente conhecido é o homem. *Os Strongyloides* spp. são por vezes designados por "vermes dos fios" (embora em alguns países este nome comum se refira a *Enterobius vermicularis*). Outros *Strongyloides* spp. associados a animais, incluindo *S. myopotami* (nutria), *S. procyonis* (guaxinins) e possivelmente outros, podem produzir infecções cutâneas ligeiras e de curta duração em hospedeiros humanos (larva currens, "comichão da nutria"), mas não causam verdadeira estrongiloidíase.

Ciclo de vida

Strongyloides stercoralis

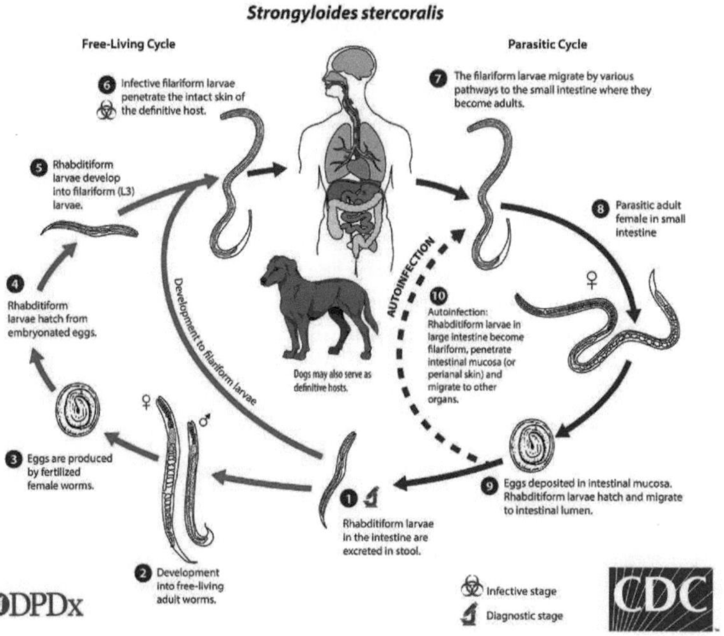

Figura 25. Ciclo de vida do Strongyloides stercoralis

O ciclo de vida do *Strongyloides stercoralis* é complexo, alternando entre ciclos de vida livre e parasitário e envolvendo auto-infeção. No **ciclo de vida livre:** As larvas rabditiformes são transmitidas nas fezes de um hospedeiro definitivo infetado 1 desenvolvem-se em larvas filariformes infectantes (desenvolvimento direto) 6 ou em machos e fêmeas adultos de vida livre 2 que acasalam e produzem ovos 3 dos quais eclodem as larvas rabditiformes 4 e eventualmente se tornam larvas filariformes infecciosas (L3) 5 . As larvas filariformes penetram na pele do hospedeiro humano para iniciar o ciclo parasitário (ver abaixo) 6 . Esta segunda geração de larvas filariformes não consegue transformar-se em adultos de vida livre e tem de encontrar um novo hospedeiro para continuar o ciclo de vida.

Ciclo parasitário: As larvas filariformes presentes no solo contaminado penetram na pele humana quando esta entra em contacto com o solo 6 e migram para o intestino delgado 7 . Pensa-se que as larvas L3 migram através da corrente sanguínea e dos vasos linfáticos para os pulmões, onde acabam por ser expelidas e engolidas. No entanto, as larvas L3 parecem ser capazes de migrar para o intestino por vias alternativas (por exemplo, através das vísceras abdominais ou do tecido conjuntivo). No intestino delgado, as larvas sofrem duas mudas e transformam-se em vermes adultos fêmeas 8 . As fêmeas vivem incorporadas na submucosa do intestino delgado e produzem ovos por partenogénese (não existem machos parasitas) (9) que dão origem a larvas rabditiformes. As larvas rabditiformes podem ser eliminadas nas fezes (1) (ver "Ciclo de vida livre" acima), ou podem causar autoinfeção (10).

As larvas rabditiformes no intestino transformam-se em larvas filariformes infecciosas que podem penetrar na mucosa intestinal ou na pele da zona perianal, resultando em auto-infeção. Uma vez que as larvas filariformes reinfectam o hospedeiro, são transportadas para os pulmões, faringe e intestino delgado, como descrito acima, ou disseminam-se por todo o corpo. O significado da autoinfecção em *Strongyloides* é que os casos não tratados podem resultar em infeção persistente, mesmo após muitas décadas de residência numa área não endémica, e podem contribuir para o desenvolvimento da síndrome de hiperinfecção.

Ciclo de vida

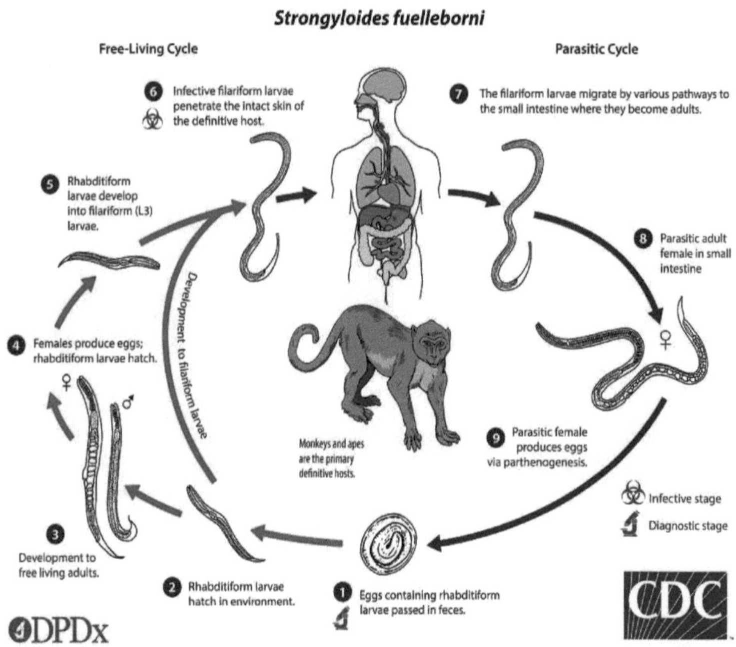

Figura 26. Ciclos de vida do Strongyloides fuelleborni

O Strongyloides fuelleborni segue o mesmo ciclo de vida do *S. stercoralis,* com a importante distinção de que os ovos (e não as larvas) são eliminados nas fezes (1). Os ovos eclodem logo após a passagem para o ambiente, libertando larvas rabditiformes (2) que se desenvolvem em larvas filariformes infecciosas (desenvolvimento direto) 6 ou machos e fêmeas adultos de vida livre 3. Os adultos de vida livre acasalam e produzem ovos, dos quais eclodem mais larvas rabditiformes 4 e eventualmente se tornam larvas filariformes infectantes 5. As larvas filariformes penetram na pele do hospedeiro humano para iniciar o ciclo parasitário 6. Estas larvas migram através da corrente sanguínea para os pulmões, onde acabam por ser tossidas e engolidas, ou chegam ao intestino através da migração através do tecido conjuntivo ou das vísceras abdominais 7. No intestino delgado, as larvas sofrem duas mudas e transformam-se em vermes fêmeas adultas. As fêmeas parasitas fixam-se na submucosa do intestino delgado 8 e produzem ovos por partenogénese (não existem machos parasitas) 9.

Uma vez que os ovos não eclodem no hospedeiro, como acontece com *S. stercoralis,* acredita-se que a autoinfeção seja impossível. Foi registada a transmissão de *S. fuelleborni* subsp. *kellyi* a bebés em resultado da amamentação.

5.5. Tênias

Os ancilóstomos referem-se a várias espécies de nemátodos parasitas pertencentes aos géneros *Ancylostoma* e *Necator*. Estes vermes são importantes agentes patogénicos para o ser humano, afectando principalmente o intestino delgado e causando uma doença conhecida como ancilostomíase ou ancilostomíase. As duas principais espécies que infectam os seres humanos são *Ancylostoma duodenale* e *Necator americanus*.

Morfologia

Adultos:

Ancylostoma duodenale: 10-13 mm de comprimento, com um par de placas cortantes na cavidade bucal.

Necator americanus: ligeiramente mais pequeno, com cerca de 5-11 mm de comprimento, com placas de corte menos proeminentes do que as do *Ancylostoma duodenale*.

Ambas as espécies têm uma cápsula bucal em forma de gancho que utilizam para se fixarem à mucosa intestinal.

Ovos:

Passam nas fezes, têm forma oval e contêm um embrião em desenvolvimento.

Ciclo de vida

Ovos no ambiente: Os ovos eclodem no solo, libertando as larvas.

Desenvolvimento larvar: As larvas sofrem duas mudas e desenvolvem-se em larvas infectantes (L3) ao longo de 5-10 dias.

Penetração: Os seres humanos são infectados por contacto direto com o solo contaminado ou por ingestão de alimentos ou água contaminados com larvas.

Migração e maturidade: As larvas penetram na pele (principalmente através dos pés descalços), entram na corrente sanguínea e migram para os pulmões.

Via respiratória: Depois de serem tossidas e engolidas, as larvas chegam ao intestino delgado, onde se transformam em adultos.

Alimentação de sangue: Os adultos fixam-se à parede intestinal, alimentam-se de sangue e produzem ovos que são eliminados nas fezes.

Epidemiologia

Distribuição Geográfica: Encontrada em áreas com climas quentes e húmidos e com más condições sanitárias, particularmente nas regiões tropicais e subtropicais.

Transmissão: Principalmente através do contacto da pele com solo contaminado com larvas ou ingestão de larvas em alimentos ou água contaminados.

Apresentação clínica

A infeção por ancilóstomos pode levar a:

Sintomas cutâneos:

Comichão no solo (erupção pruriginosa) no local de penetração das larvas.

Sintomas pulmonares:

Tosse, pieira e sintomas ligeiros semelhantes aos da pneumonia durante a migração das larvas através dos pulmões.

Sintomas intestinais:

Anemia devida a perda crónica de sangue da mucosa intestinal.

A anemia por deficiência de ferro pode causar fadiga, fraqueza e palidez.

Dor abdominal, diarreia e desnutrição, especialmente em infecções graves.

Diagnóstico

Exame de fezes: Identificação de ovos de ancilóstomo em amostras fecais utilizando microscopia.

Serologia: A deteção de anticorpos específicos contra antigénios da ancilostomíase pode apoiar o diagnóstico, particularmente nos casos em que não são encontrados ovos.

Tratamento

Anti-helmínticos:

Albendazol ou **mebendazol**: Eficaz no tratamento de infecções por ancilostomíase com uma dose única.

Pamoato de pirantel: Outra alternativa de tratamento.

Suplementação de ferro: Necessário para tratar a anemia resultante da perda crónica de sangue.

Prevenção e controlo

Saneamento: Melhoria das instalações sanitárias e da eliminação de resíduos para reduzir a contaminação do solo com fezes.

Calçado: Incentivar a utilização de calçado ou de calçado de proteção para evitar a penetração das larvas através da pele.

Educação para a saúde: Educar os indivíduos em áreas endémicas sobre os riscos de infeção por ancilostomíase e promover práticas de higiene adequadas.

Conclusão

As infecções por ancilostomídeos, causadas por *Ancylostoma duodenale* e *Necator americanus*, são doenças parasitárias importantes que afectam milhões de pessoas em todo o mundo, especialmente em regiões com más condições sanitárias. A compreensão da sua morfologia, ciclo de vida, epidemiologia, manifestações clínicas, diagnóstico, tratamento e prevenção é crucial para uma gestão e controlo eficazes da ancilostomíase.

Ancilóstomo (Intestinal)

Agentes causais

A ancilostomíase intestinal em humanos é causada por *Ancylostoma duodenale, A. ceylanicum* e *Necator americanus.* Classicamente, *o A. duodenale* e o *N. americanus* eram considerados as duas principais espécies de ancilostomíase intestinal em todo o mundo, mas estudos mais recentes mostram que um parasita que infecta animais, o *A. ceylanicum*, é também um importante parasita emergente que infecta humanos em algumas regiões. Ocasionalmente, as larvas de *A. caninum*, normalmente um parasita dos canídeos, podem desenvolver-se parcialmente no intestino humano e causar enterite eosinofílica, mas esta espécie não parece atingir a maturidade reprodutiva nos seres humanos.

Outro grupo de ancilostomídeos que infectam animais pode penetrar na pele humana causando a larva migrans cutânea (*A. braziliense*, *A. caninum*, *Uncinaria stenocephala*). Com exceção do *A. caninum* acima referido, estes parasitas não se desenvolvem mais depois de as suas larvas penetrarem na pele humana. Para mais informações, ver ancilostomídeos extra-intestinais.

Ciclo de vida

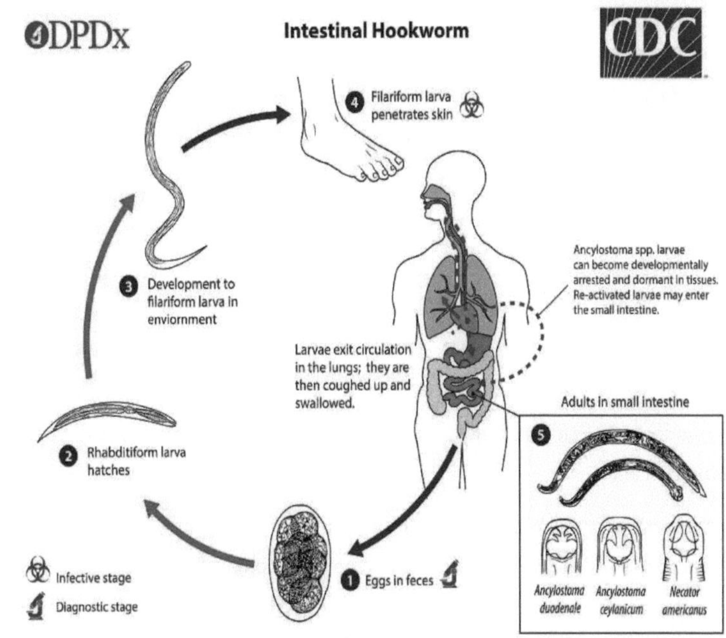

Figura 27. ciclos de vida do anzol quente (verme do anzol intestinal)

Os ovos são eliminados nas fezes ❶ e em condições favoráveis (humidade, calor, sombra), as larvas eclodem em 1 a 2 dias e tornam-se de vida livre no solo contaminado. Estas larvas rabditiformes libertadas crescem nas fezes e/ou no solo ❷ e, após 5 a 10 dias (e duas mudas), transformam-se em larvas filariformes (terceiro estádio) que são infecciosas ❸ . Estas larvas infecciosas podem sobreviver 3 a 4 semanas em condições ambientais favoráveis. Em contacto com o hospedeiro humano, normalmente com os pés descalços, as larvas penetram na pele e são transportadas através dos vasos sanguíneos para o coração e depois para os pulmões. Penetram nos alvéolos pulmonares, sobem pela árvore brônquica até à faringe e são engolidas ❹ . As larvas atingem o jejuno do intestino delgado, onde residem e se transformam em adultos. Os vermes adultos vivem no lúmen do intestino delgado, normalmente no jejuno distal, onde se fixam à parede intestinal, resultando na perda de sangue pelo hospedeiro ❺ . A maioria dos vermes adultos é eliminada em 1 a 2 anos, mas a longevidade pode atingir vários anos.

Algumas larvas *de A. duodenale*, após a penetração na pele do hospedeiro, podem tornar-se dormentes (hipobiose no intestino ou no músculo). Estas larvas são capazes de se reativar e estabelecer infecções intestinais patentes. Além disso, a infeção por *A. duodenale* pode provavelmente ocorrer também por via oral e transmamária. As infecções por *A. ceylanicum* e *A. caninum* também podem ser adquiridas por ingestão oral. Pensa-se que a enterite eosinofílica *associada ao A. caninum* resulta da ingestão oral de larvas e não de uma infeção percutânea. *O N. americanus* não parece ser infecioso por via oral ou transmamária.

Anfitriões

Os seres humanos são o principal hospedeiro tanto de *A. duodenale* como de *N. americanus. O A. ceylanicum* pode ser zoonótico, uma vez que foram identificados dois haplótipos, um encontrado apenas em humanos até à data e o outro encontrado em humanos, cães e gatos. *O A. caninum* é o ancilóstomo comum dos cães.

5.6. *Enterobius vermicularis*

O Enterobius vermicularis, vulgarmente conhecido como verme do alfinete ou verme da linha, é um nemátodo parasita (lombriga) que infecta o intestino grosso dos seres humanos. É um dos parasitas intestinais mais comuns em todo o mundo, afectando sobretudo as crianças.

Morfologia

Adultos:

Pequenos vermes esbranquiçados, semelhantes a fios, com 8-13 mm de comprimento.

As fêmeas são maiores do que os machos e têm uma cauda pontiaguda caraterística.

Ovos:

De forma oval e achatada num dos lados, medindo cerca de 50-60 µm de comprimento.

São transparentes e podem ser identificados ao microscópio.

Ciclo de vida

Ingestão de ovos: Os seres humanos são infectados pela ingestão de ovos, normalmente através de alimentos ou água contaminados, ou por transferência direta de superfícies contaminadas para a boca (via fecal-oral).

Desenvolvimento larvar: Os ovos eclodem no intestino delgado, libertando larvas (L1).

Migração para o cólon: As larvas transformam-se em adultos no cólon, principalmente no ceco e no apêndice.

Reprodução: As fêmeas adultas migram para a região perianal, geralmente à noite, para depositar os ovos nas pregas perianais.

Autoinfecção: Os ovos também podem reinfectar o hospedeiro, aderindo aos dedos ou à roupa e sendo transferidos para a boca.

Epidemiologia

Distribuição geográfica: Encontrada em todo o mundo, com maior prevalência em áreas com más condições de higiene e condições de vida sobrelotadas.

Transmissão: Transmissão direta a partir de superfícies contaminadas, especialmente em casas e instituições.

Apresentação clínica

A enterobíase (infeção por vermes) pode apresentar-se com:

Prurido **perianal**: Prurido ani, especialmente à noite ou de manhã cedo, devido à migração de vermes fêmeas adultas para pôr ovos.

Perturbação do sono: A irritação e o desconforto causados pela comichão podem perturbar o sono.

Infecções secundárias: Coçar pode levar a infecções bacterianas na zona perianal.

Diagnóstico

Teste da fita adesiva: Pressionar uma fita adesiva transparente contra a pele perianal de manhã para recolher ovos, que podem ser observados ao microscópio.

Visualização de vermes adultos: Raramente, os vermes adultos podem ser vistos na área perianal, especialmente à noite.

Identificação de ovos: Exame microscópico de amostras de fezes para deteção de ovos caraterísticos.

Tratamento

Anti-helmínticos:

Mebendazol ou **albendazol**: Tratamento de dose única tanto para o indivíduo infetado como para os contactos domiciliários.

Pamoato de pirantel: Opção de tratamento alternativo.

Medidas de higiene:

Lavar bem as mãos, especialmente depois de ir à casa de banho e antes de comer.

Manter as unhas curtas e limpas para minimizar a contaminação dos ovos.

Lavar e mudar regularmente a roupa interior e a roupa de cama.

Prevenção e controlo

Higiene pessoal: Dar ênfase à lavagem das mãos e a práticas de higiene adequadas, especialmente em agregados familiares com indivíduos infectados.

Saneamento ambiental: Limpeza e desinfeção de superfícies para reduzir a contaminação dos ovos.

Tratamento dos contactos: Tratamento de todos os membros do agregado familiar e dos contactos próximos para prevenir a reinfeção.

Conclusão

Compreender o ciclo de vida, a epidemiologia, as manifestações clínicas, o diagnóstico, o tratamento e a prevenção de *Enterobius vermicularis* é crucial para gerir e controlar as infecções por parasitas do pinheiro, particularmente em crianças e em ambientes institucionais onde a transmissão é comum. O diagnóstico e o tratamento precoces, juntamente com medidas de higiene, são fundamentais para evitar a propagação da enterobíase.

Enterobíase

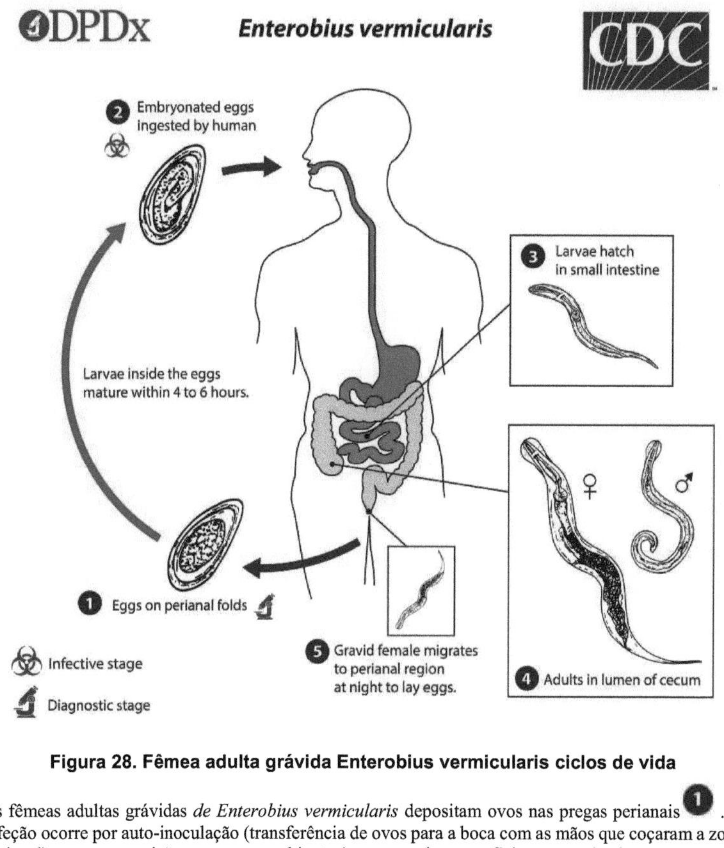

Figura 28. Fêmea adulta grávida Enterobius vermicularis ciclos de vida

As fêmeas adultas grávidas *de Enterobius vermicularis* depositam ovos nas pregas perianais ❶ . A infeção ocorre por auto-inoculação (transferência de ovos para a boca com as mãos que coçaram a zona perianal) ou por exposição a ovos no ambiente (por exemplo, superfícies contaminadas, roupa, roupa de cama, etc.) ❷ . Após a ingestão de ovos infecciosos, as larvas eclodem no intestino delgado ❸ e os adultos estabelecem-se no cólon, normalmente no ceco ❹ . O intervalo de tempo entre a ingestão dos ovos infecciosos e a oviposição pelas fêmeas adultas é de cerca de um mês. Na maturidade completa, as fêmeas adultas medem 8 a 13 mm e os machos adultos 2 a 5 mm; a duração da vida adulta é de cerca de dois meses. As fêmeas grávidas migram noturnamente para fora do ânus e ovipositam enquanto rastejam na pele da zona perianal [5]. As larvas contidas no interior dos ovos desenvolvem-se (os ovos tornam-se infecciosos) em 4 a 6 horas em condições óptimas [1].

Anfitriões

Os nemátodos oxiurídeos (oxiúros) apresentam geralmente uma elevada especificidade em relação ao hospedeiro. Os seres humanos são considerados o único hospedeiro do *E. vermicularis,* embora tenham sido registadas infecções ocasionais em chimpanzés em cativeiro.

6. Nemátodos filariais

Os nemátodos filariais são um grupo de vermes parasitas pertencentes à família Filarioidea, que infectam os seres humanos e outros animais. Estes vermes são transmitidos por artrópodes que se alimentam de sangue, como os mosquitos e as moscas negras, e causam doenças conhecidas coletivamente como filariose. Eis alguns pontos-chave sobre os nemátodos filariais:

Nemátodos filariais comuns que infectam os seres humanos

Wuchereria bancrofti:

Causa a filariose linfática (também conhecida como elefantíase).

Encontrado principalmente em regiões tropicais e subtropicais.

Os adultos residem nos vasos linfáticos, causando obstrução e inchaço (linfedema) dos membros, dos órgãos genitais e dos seios.

Transmitido por mosquitos (principalmente espécies *Culex* em áreas urbanas e espécies *Anopheles* em áreas rurais).

Brugia malayi e ***Brugia timori***:

Causa filariose linfática semelhante à *Wuchereria bancrofti.*

Encontrada no Sudeste Asiático e nas ilhas do Pacífico.

Transmitida por mosquitos (espécies *Anopheles* e *Aedes*).

Onchocerca volvulus:

Causa a oncocercose (cegueira dos rios).

Encontrada em África, na América Latina e no Iémen.

Os adultos residem em nódulos subcutâneos (oncocercomas) e produzem microfilárias que migram através da pele e dos olhos.

Transmitida pela mosca negra (espécie *Simulium*).

Loa loa:

Provoca a loíase (lombriga africana ou verme do olho).

Encontrado na África Central e Ocidental.

Os adultos migram através dos tecidos subcutâneos e podem ocasionalmente migrar através da conjuntiva do olho.

Transmitida pela mosca do veado e pela mosca da manga (espécie *Chrysops*).

Ciclo de vida

Transmissão: As larvas (microfilárias) circulam no sangue ou na pele de indivíduos infectados e são ingeridas por artrópodes que se alimentam de sangue durante uma refeição de sangue.

Desenvolvimento no vetor: No vetor (mosquito ou mosca), as microfilárias desenvolvem-se em larvas infectantes (L3) durante um período de dias a semanas.

Transmissão aos seres humanos: Durante as refeições de sangue subsequentes, as larvas infecciosas são depositadas na pele e entram no hospedeiro humano através da ferida da picada, onde migram para o seu tecido preferido (vasos linfáticos ou tecidos subcutâneos).

Fase adulta: Nos seres humanos, as larvas transformam-se em vermes adultos, que se reproduzem sexualmente, produzindo microfilárias que circulam na corrente sanguínea ou na pele, perpetuando o ciclo.

Manifestações clínicas

Filariose linfática (*Wuchereria bancrofti, Brugia malayi, Brugia timori*):

Ataques agudos de linfangite e linfadenite.

Linfedema crónico e elefantíase.

Hidrocele (acumulação de líquido no escroto) nos homens.

Oncocercose (*Onchocerca volvulus*):

Dermatite, despigmentação da pele e prurido grave (prurido).

Acometimento ocular que leva à deficiência visual e à cegueira (cegueira dos rios).

Loiasis (*Loa loa*):

Inchaços subcutâneos (inchaços de Calabar).

Migração de vermes adultos através da conjuntiva, causando inchaço e desconforto ocular transitórios.

Diagnóstico

Microscopia: Identificação de microfilárias em esfregaços de sangue ou cortes de pele.

Serologia: Deteção de anticorpos específicos contra antigénios da filária.

Imagiologia: Ultrassonografia para avaliar a patologia linfática na filariose linfática.

Tratamento e controlo

Administração de Medicamentos em Massa (MDA):

Administração anual ou bianual de medicamentos anti-helmínticos (por exemplo, dietilcarbamazina, albendazol, ivermectina) a toda a população de risco para reduzir a transmissão e a morbilidade.

Controlo dos vectores: Redes mosquiteiras tratadas com inseticida e pulverização residual interior para reduzir as populações de mosquitos e moscas negras.

Proteção pessoal: Utilização de vestuário de proteção e repelentes de mosquitos para evitar picadas de insectos.

6.1. Wuchereria bancrofti

A Wuchereria bancrofti é um nemátodo parasita (lombriga) que causa a filariose linfática, vulgarmente conhecida como elefantíase. É uma das principais causas de incapacidade em todo o mundo, particularmente nas regiões tropicais e subtropicais. Aqui está uma visão geral da *Wuchereria bancrofti*:

Morfologia

Vermes adultos:

Macho: Cerca de 4-5 cm de comprimento.

Fêmea: Maior, medindo 8-10 cm de comprimento.

Encontrado predominantemente nos vasos linfáticos, incluindo nódulos linfáticos e canais linfáticos.

Microfilárias:

Larvas microscópicas produzidas por vermes fêmeas adultas.

As microfilárias com bainha medem cerca de 250-300 µm de comprimento.

As microfilárias apresentam uma periodicidade nocturna, o que significa que é mais provável que sejam encontradas a circular no sangue durante a noite.

Ciclo de vida

Transmissão:

Os mosquitos (principalmente as espécies *Culex* nas zonas urbanas e as espécies *Anopheles* nas zonas rurais) servem de hospedeiros intermediários.

Quando um mosquito infetado toma uma refeição de sangue, injecta larvas infectantes (L3) na pele do hospedeiro humano.

Migração e desenvolvimento:

As larvas L3 migram através dos vasos linfáticos e atingem os gânglios linfáticos, onde se transformam em vermes adultos ao longo de vários meses.

Os vermes adultos residem nos vasos linfáticos, principalmente nas extremidades inferiores, nos órgãos genitais e nos seios.

Reprodução:

As fêmeas adultas produzem microfilárias revestidas que circulam na corrente sanguínea, normalmente durante a noite.

As microfilárias podem viver durante vários anos no hospedeiro humano.

Re-infeção pelo vetor:

Durante outra refeição de sangue, os mosquitos ingerem microfilárias de um indivíduo infetado.

As microfilárias desenvolvem-se no mosquito para se tornarem larvas infectantes (L3), reiniciando o ciclo quando o mosquito pica outro ser humano.

Epidemiologia

Distribuição Geográfica: Encontrada em regiões tropicais e subtropicais de África, Ásia, Ilhas do Pacífico e partes das Américas.

Transmissão: Ocorre em zonas com más condições sanitárias e água parada, onde os mosquitos se reproduzem e transmitem a infeção.

Manifestações clínicas

Infecções assintomáticas (subclínicas): Muitos indivíduos infectados não apresentam sintomas, mas servem de reservatórios para a transmissão.

Ataques agudos: Episódios de linfangite (inflamação dos vasos linfáticos) e linfadenite (inflamação dos gânglios linfáticos), caracterizados por febre, dor e inchaço.

Doença crónica: As consequências a longo prazo incluem linfedema (inchaço), hidrocele (acumulação de líquido no escroto) e elefantíase (inchaço grave e desfigurante dos membros e dos órgãos genitais).

Diagnóstico

Exame microscópico: Deteção de microfilárias em amostras de sangue colhidas durante a noite, altura em que é mais provável a presença de microfilárias.

Testes de deteção de antigénios: Testes específicos para detetar antigénios circulantes de *Wuchereria bancrofti* em amostras de sangue.

Imagiologia: Ultrassonografia e linfocintigrafia para avaliar a patologia linfática em casos crónicos.

Tratamento e controlo

Administração de Medicamentos em Massa (MDA):

Administração anual ou bianual de uma combinação de medicamentos como a dietilcarbamazina (DEC) ou o albendazol a populações inteiras em risco para reduzir os níveis de microfilárias e interromper a transmissão.

Controlo dos vectores: Medidas de controlo dos mosquitos, incluindo redes mosquiteiras tratadas com inseticida e pulverização residual em interiores, para reduzir as populações de mosquitos.

Proteção pessoal: Utilização de vestuário de proteção e repelentes de mosquitos para evitar picadas de mosquitos.

Conclusão

A Wuchereria bancrofti é uma causa importante de filariose linfática, levando a doenças crónicas debilitantes como o linfedema e a elefantíase em regiões endémicas. Compreender o seu ciclo de vida, manifestações clínicas, métodos de diagnóstico e estratégias de controlo é crucial para gerir e eliminar a filariose linfática como um problema de saúde pública a nível mundial.

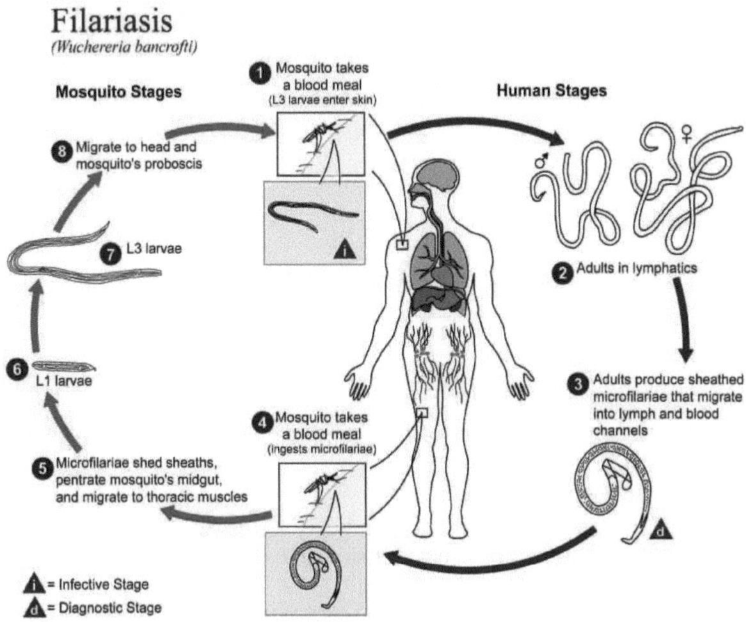

Figura 29. O ciclo de vida da Wuchereria bancrofti

6.2. ***Brugia malayi***

Brugia malayi é outra espécie de nemátodo parasita que causa filariose linfática, semelhante à *Wuchereria bancrofti*. Encontra-se principalmente no Sudeste Asiático e em partes da região do Pacífico Ocidental. Aqui está uma visão geral da *Brugia malayi*:

Morfologia

Vermes adultos:

Macho: Cerca de 2-4 cm de comprimento.

Fêmea: Maior, medindo 5-10 cm de comprimento.

Tal como *a Wuchereria bancrofti*, residem nos vasos linfáticos, causando obstrução e danos.

Microfilárias:

As microfilárias com bainha medem cerca de 220-290 μm de comprimento.

As microfilárias também apresentam uma periodicidade nocturna, circulando no sangue periférico durante as horas nocturnas.

Ciclo de vida

Transmissão:

Os mosquitos (espécies *Anopheles* e *Aedes*) servem de hospedeiros intermediários.

As larvas infectantes (L3) são transmitidas aos seres humanos através de picadas de mosquito, entrando na pele e migrando para os vasos linfáticos.

Migração e desenvolvimento:

As larvas L3 transformam-se em vermes adultos nos vasos linfáticos ao longo de vários meses.

Os vermes adultos residem nos vasos linfáticos, onde se reproduzem sexualmente e produzem microfilárias.

Reprodução e transmissão:

As fêmeas adultas libertam microfilárias embainhadas no sistema linfático e na corrente sanguínea, que circulam no sangue periférico.

Os mosquitos ingerem microfilárias durante as refeições de sangue, onde estas se desenvolvem em larvas infecciosas (L3), reiniciando o ciclo de transmissão.

Epidemiologia

Distribuição geográfica: Endémica no Sudeste Asiático, incluindo países como a Indonésia, Malásia, Tailândia e partes das Filipinas.

Transmissão: À semelhança da *Wuchereria bancrofti*, a transmissão ocorre em áreas onde os mosquitos se reproduzem e transmitem a infeção através da alimentação sanguínea.

Manifestações clínicas

Infecções assintomáticas (subclínicas): Muitos indivíduos infectados não apresentam sintomas, mas podem servir de reservatórios para a transmissão.

Ataques agudos: Episódios de linfangite e linfadenite, semelhantes aos da *Wuchereria bancrofti*, caracterizados por febre, dor e inchaço.

Doença crónica: As consequências a longo prazo incluem linfedema, hidrocele e elefantíase, semelhantes às causadas pela *Wuchereria bancrofti*.

Diagnóstico

Exame microscópico: Deteção de microfilárias em amostras de sangue colhidas durante a noite, altura em que é mais provável a presença de microfilárias.

Testes de deteção de antigénios: Testes específicos para detetar antigénios circulantes de *Brugia malayi* em amostras de sangue.

Imagiologia: Ultrassonografia e linfocintigrafia para avaliar a patologia linfática em casos crónicos.

Tratamento e controlo

Administração de Medicamentos em Massa (MDA):

À semelhança do que acontece com a *Wuchereria bancrofti*, a administração anual ou bianual de medicamentos como a dietilcarbamazina (DEC) ou o albendazol a populações inteiras em risco permite reduzir os níveis de microfilárias e interromper a transmissão.

Controlo de vectores: Medidas de controlo dos mosquitos para reduzir as populações de mosquitos e evitar a transmissão.

Proteção pessoal: Utilização de vestuário de proteção e repelentes de mosquitos para evitar as picadas de mosquitos.

Conclusão

A Brugia malayi é uma causa importante de filariose linfática no Sudeste Asiático, levando a doenças crónicas e debilitantes como o linfedema e a elefantíase. Compreender o seu ciclo de vida, manifestações clínicas, métodos de diagnóstico e estratégias de controlo é crucial para gerir e eliminar a filariose linfática como um problema de saúde pública em regiões endémicas.

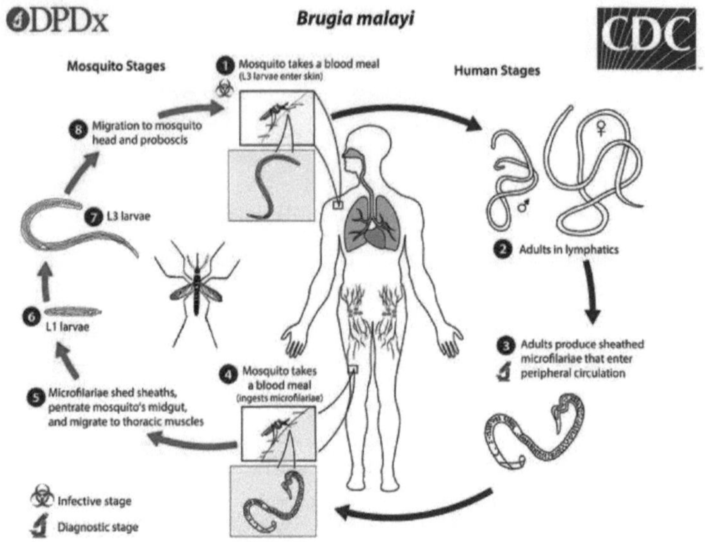

Figura 30. O ciclo de vida da Brugia malayi

6.3. *Onchocerca volvulus*

Onchocerca volvulus é um nemátodo parasita (lombriga) que causa a oncocercose, vulgarmente conhecida como cegueira dos rios. Encontra-se principalmente em África, em partes da América Latina e no Iémen. Aqui está uma visão geral da *Onchocerca volvulus*:

Morfologia

Vermes adultos:

Macho: Cerca de 3-5 cm de comprimento.

Fêmea: Maior, medindo 20-70 cm de comprimento.

Os vermes adultos residem em nódulos subcutâneos (oncocercomas), normalmente localizados no tronco, na pélvis ou nos membros.

Microfilárias:

As microfilárias com bainha medem cerca de 250-300 µm de comprimento.

Ao contrário de *Wuchereria bancrofti* e *Brugia malayi*, as microfilárias de *Onchocerca volvulus* não apresentam periodicidade nocturna e podem ser encontradas na pele durante todo o dia.

Ciclo de vida

Transmissão:

A mosca negra (espécie *Simulium*) serve de hospedeiro intermediário.

As larvas infectantes (L3) são transmitidas aos seres humanos através da picada de moscas negras infectadas.

Migração e desenvolvimento:

As larvas L3 migram do local da picada para os tecidos subcutâneos, onde se desenvolvem em vermes adultos ao longo de vários meses.

Os vermes adultos formam nódulos (oncocercomas) nos tecidos subcutâneos.

Reprodução e transmissão:

As fêmeas adultas libertam microfilárias na pele e nos tecidos subcutâneos, onde migram e causam reacções inflamatórias graves.

A mosca negra ingere microfilárias durante as refeições de sangue, onde estas se desenvolvem em larvas infecciosas (L3), reiniciando o ciclo de transmissão.

Epidemiologia

Distribuição geográfica: Endémica em África (particularmente na África Ocidental e Central), em partes da América Latina (como partes da Venezuela, Brasil e Colômbia) e no Iémen.

Transmissão: Ocorre em áreas onde as moscas negras se reproduzem e transmitem a infeção através da alimentação sanguínea.

Manifestações clínicas

Manifestações cutâneas:

Comichão intensa (prurido), especialmente sobre proeminências ósseas.

Dermatite, despigmentação da pele e espessamento da pele (liquenificação).

Envolvimento dos olhos:

Ceratite (inflamação da córnea).

Corioretinite (inflamação da retina e da coroide), que provoca uma deficiência visual e cegueira (cegueira dos rios).

Diagnóstico

Exame da pele: Exame microscópico de cortes de pele retirados das áreas afectadas para detetar microfilárias.

Serologia: Deteção de anticorpos específicos contra antigénios *de Onchocerca volvulus.*

Imagiologia: Ultrassonografia e exame oftalmológico para avaliar o envolvimento da pele e dos olhos.

Tratamento e controlo

Administração de Medicamentos em Massa (MDA):

Administração anual ou bianual de ivermectina (Mectizan®) a toda a população em risco para reduzir os níveis de microfilárias e prevenir a transmissão.

Controlo dos vectores: Medidas de controlo da mosca negra, incluindo a larvicida e a gestão ambiental, para reduzir os locais de reprodução e evitar a transmissão.

Proteção pessoal: Utilização de vestuário de proteção e repelentes de insectos para evitar picadas de mosca negra.

Conclusão

Onchocerca volvulus é uma causa significativa de oncocercose (cegueira dos rios) em regiões endémicas, levando a manifestações cutâneas e oculares graves. Compreender o seu ciclo de vida, manifestações clínicas, métodos de diagnóstico e estratégias de controlo é crucial para gerir e eliminar a oncocercose como um problema de saúde pública nas áreas afectadas.

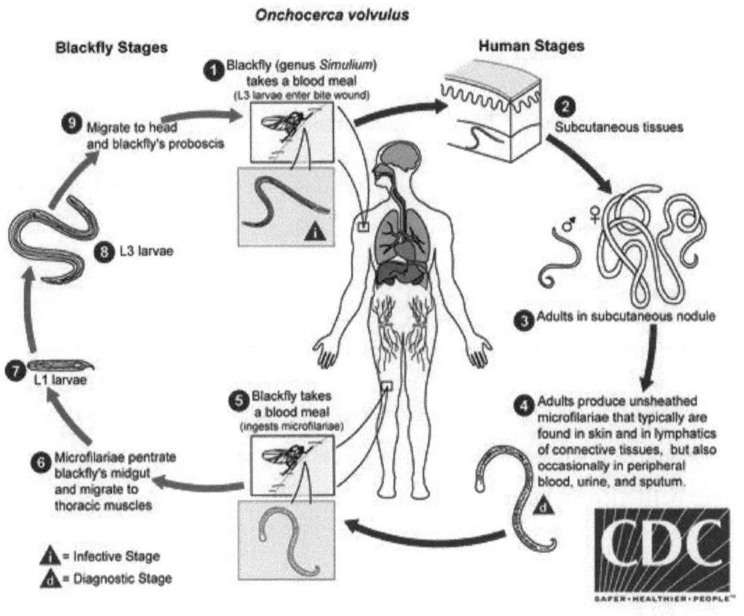

Figura 31. Ciclos de vida de Onchocerca volvulus

Durante uma refeição de sangue, uma mosca negra infetada (género *Simulium*) introduz larvas filarióides de terceira fase na pele do hospedeiro humano, onde penetram na ferida da picada ❶. Nos tecidos subcutâneos, as larvas ❷ desenvolvem-se em filárias adultas, que residem normalmente em nódulos nos tecidos conjuntivos subcutâneos ❸. Os adultos podem viver nos nódulos durante cerca de 15 anos. Alguns nódulos podem conter numerosos vermes machos e fêmeas. As fêmeas medem 33 a 50 cm de comprimento e 270 a 400 µm de diâmetro, enquanto os machos medem 19 a 42 mm por 130 a 210 µm. Nos nódulos subcutâneos, os vermes fêmeas são capazes de produzir microfilárias durante aproximadamente 9 anos. As microfilárias, que medem 220 a 360 µm por 5 a 9 µm e não estão revestidas, têm uma duração de vida que pode atingir os 2 anos. São ocasionalmente encontradas no sangue periférico, na urina e na expetoração, mas encontram-se normalmente na pele e nos linfáticos dos tecidos conjuntivos ❹. Uma mosca negra ingere as microfilárias durante uma refeição de sangue ❺. Após a ingestão, as microfilárias migram do intestino médio da mosca negra através do hemocelo para os músculos torácicos ❻. Aí, as microfilárias desenvolvem-se em larvas de primeiro estádio ❼ e, posteriormente, em larvas infectantes de terceiro estádio ❽. As larvas infectantes de terceiro estádio migram para a probóscide da mosca negra ❾ e podem infetar outro ser humano quando a mosca se alimenta de sangue ❶.

6.4. *Loa loa,*

A Loa loa, vulgarmente conhecida como lombriga africana ou verme do olho, é um nemátodo parasita (lombriga) que infecta os seres humanos na África Central e Ocidental. Aqui está uma visão geral da *Loa loa*:

Morfologia

Vermes adultos:

Macho: Cerca de 3-4 cm de comprimento.

Fêmea: Maior, medindo 4-5 cm de comprimento.

Os vermes adultos migram através dos tecidos subcutâneos, criando inchaços transitórios conhecidos como inchaços de Calabar.

Microfilárias:

As microfilárias com bainha medem cerca de 250-300 µm de comprimento.

Ao contrário de outros nemátodos filariais, as microfilárias de *Loa loa* não apresentam periodicidade nocturna e podem ser encontradas a circular no sangue periférico ao longo do dia.

Ciclo de vida

Transmissão:

A mosca do veado (género *Chrysops*) e a mosca da manga (*Mango simus*) servem de hospedeiros intermediários.

As larvas infectantes (L3) são transmitidas aos seres humanos através da picada de moscas infectadas.

Migração e desenvolvimento:

As larvas L3 migram do local da picada para os tecidos subcutâneos, onde se desenvolvem em vermes adultos ao longo de vários meses.

Os vermes adultos migram através dos tecidos subcutâneos, causando respostas inflamatórias localizadas e inchaços Calabar.

Reprodução e transmissão:

Os vermes fêmeas adultos libertam microfilárias no sangue periférico.

Estas microfilárias podem ser ingeridas pela mosca do veado e pela mosca da manga durante as refeições de sangue, onde se desenvolvem em larvas infecciosas (L3), reiniciando o ciclo de transmissão.

Epidemiologia

Distribuição geográfica: Endémica na África Central e Ocidental, incluindo as regiões dos Camarões, Nigéria e Congo.

Transmissão: Ocorre em regiões de floresta e de savana onde as moscas *Chrysops* e *Mango* se reproduzem e transmitem a infeção através da alimentação sanguínea.

Manifestações clínicas

Inchaços de Calabar: Inchaços dolorosos e transitórios que aparecem e desaparecem ao longo de vários dias, normalmente nas extremidades.

Envolvimento ocular: Migração de vermes adultos através da conjuntiva do olho, causando inchaço e desconforto ocular transitórios (verme do olho).

Sintomas sistémicos: Ocasionalmente, podem ocorrer sintomas sistémicos como febre, dores de cabeça e dores nas articulações durante a migração dos vermes adultos.

Diagnóstico

Exame microscópico: Deteção de microfilárias em amostras de sangue colhidas durante o dia, altura em que é mais provável a presença de microfilárias.

Apresentação clínica: O diagnóstico pode também basear-se em sintomas caraterísticos, tais como inchaços de Calabar e vermes oculares.

Tratamento e controlo

Remoção cirúrgica: Nalguns casos, pode ser necessária a remoção cirúrgica dos vermes adultos, sobretudo quando estes migram através do olho.

Tratamento anti-helmíntico: Podem ser utilizados medicamentos como a dietilcarbamazina (DEC) ou a ivermectina para reduzir os níveis de microfilárias e aliviar os sintomas.

Controlo dos vectores: Medidas para reduzir a exposição a moscas que picam, tais como a utilização de repelentes de insectos e de vestuário de proteção.

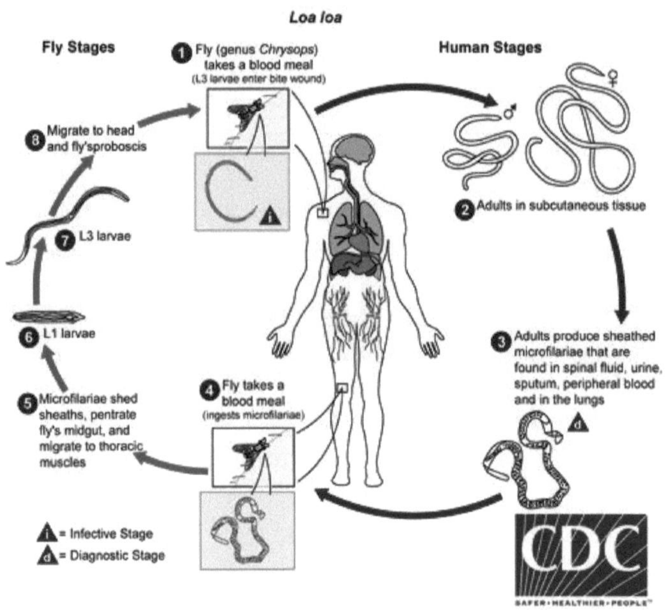

Figura 32. Ciclos de vida de Loa loa

O vetor da filariose *de Loa loa* são as moscas de duas espécies do género *Chrysops*, *C. silacea* e *C. dimidiata*. Durante uma refeição de sangue, uma mosca infetada (género *Chrysops*, moscas que picam o dia) introduz larvas filarióticas de terceiro estádio na pele do hospedeiro humano, onde penetram na ferida da picada ❶. As larvas transformam-se em adultos que residem normalmente no tecido subcutâneo ❷. As fêmeas medem 40 a 70 mm de comprimento e 0,5 mm de diâmetro, enquanto os machos medem 30 a 34 mm de comprimento e 0,35 a 0,43 mm de diâmetro. Os adultos produzem microfilárias medindo 250 a 300 μm por 6 a 8 μm, que são revestidas e têm periodicidade diurna. As microfilárias foram recuperadas de fluidos espinais, urina e expetoração. Durante o dia, são encontradas no sangue periférico, mas durante a fase de não circulação, são encontradas nos pulmões ❸. A mosca ingere microfilárias durante uma refeição de sangue ❹. Após a ingestão, as microfilárias perdem as suas bainhas e migram do intestino médio da mosca através do hemocelo para os músculos torácicos do artrópode ❺. Aí, as microfilárias desenvolvem-se em larvas de primeiro estádio ❻ e, posteriormente, em larvas infectantes de terceiro estádio ❼. As larvas infectantes de terceiro estádio migram para a probóscide da mosca ❽ e podem infetar outro ser humano quando a mosca se alimenta de sangue ❶.

Os acantocéfalos, vulgarmente conhecidos como vermes espinhosos ou vermes espinhosos, são um grupo de vermes parasitas pertencentes ao filo Acanthocephala. Estes parasitas são caracterizados por uma probóscide retrátil adornada com filas de ganchos, que utilizam para se fixarem à parede intestinal do seu hospedeiro. Aqui está uma visão geral dos acantocéfalos:

Morfologia

Vermes adultos:

Geralmente cilíndricos, com uma probóscide distinta na extremidade anterior.

Não têm sistema digestivo; absorvem os nutrientes diretamente através da parede do corpo.

Normalmente mais pequenos do que os nemátodos, com tamanhos que variam entre alguns milímetros e vários centímetros.

Probóscide:

Uma caraterística proeminente que contém filas de ganchos utilizados para fixação à parede intestinal do hospedeiro.

A probóscide é retrátil e pode ser retirada para dentro do corpo quando não está a ser utilizada.

Ciclo de vida

Transmissão:

Os acantocéfalos têm ciclos de vida complexos que envolvem múltiplos hospedeiros.

Normalmente, têm um hospedeiro intermediário (frequentemente um artrópode ou crustáceo) onde as fases larvares se desenvolvem em formas infecciosas.

Anfitrião intermédio:

As fases larvares (cistacantos) desenvolvem-se no hospedeiro intermediário, frequentemente em tecidos ou cavidades corporais.

Anfitrião definitivo:

Os acantocéfalos adultos habitam o trato intestinal de um hospedeiro definitivo vertebrado, onde se fixam com a sua probóscide.

Transmissão para o Anfitrião Definitivo:

Os hospedeiros definitivos são infectados através da ingestão do hospedeiro intermediário que contém larvas infectantes (cistacantos).

Patologia

Os acantocéfalos afectam principalmente o trato gastrointestinal dos seus hospedeiros definitivos.

Podem causar danos mecânicos na mucosa intestinal devido à sua fixação com a probóscide.

Em infecções graves, podem provocar inflamação e infecções secundárias.

Exemplos de Acantocéfalos

Moniliformis moniliformis:

Encontra-se habitualmente em roedores e ocasionalmente infecta os seres humanos.

Os hospedeiros intermediários incluem os escaravelhos e as baratas.

Provoca infecções intestinais caracterizadas por dor e desconforto abdominal.

Macracanthorhynchus hirudinaceus:

Encontrado em porcos e javalis.

Os hospedeiros intermediários incluem os escaravelhos.

Pode causar inflamação grave e ulceração no trato intestinal dos suínos.

Diagnóstico e tratamento

Diagnóstico:

Identificação de acantocéfalos em amostras fecais ou durante exames endoscópicos.

Observação de elementos caraterísticos, como a probóscide e os ganchos, ao microscópio.

Tratamento:

Os medicamentos anti-helmínticos eficazes contra outros vermes parasitas podem também ser utilizados contra os acantocéfalos.

Remoção cirúrgica em alguns casos, especialmente quando a infeção provoca sintomas graves ou complicações.

Controlo e Prevenção

As medidas de controlo centram-se na interrupção do ciclo de vida, visando os hospedeiros intermediários.

As práticas de higiene e o saneamento adequado podem reduzir o risco de infeção, particularmente em áreas onde prevalecem hospedeiros intermediários.

Conclusão

Os acantocéfalos são vermes parasitas únicos caracterizados pela sua probóscide com ganchos, que utilizam para se fixarem à parede intestinal dos seus hospedeiros. Compreender a sua morfologia, ciclo de vida, implicações clínicas e medidas de controlo é essencial para gerir e prevenir infecções causadas por estes intrigantes parasitas.

Arthropoda é um filo diverso do reino animal que inclui uma vasta gama de organismos invertebrados. Estes organismos são caracterizados pelos seus corpos segmentados, membros articulados e, tipicamente, um exoesqueleto feito de quitina. Os artrópodes são incrivelmente bem sucedidos e abundantes, com mais de um milhão de espécies descritas, constituindo cerca de 80% de todas as espécies animais vivas conhecidas. Aqui está uma visão geral dos Arthropoda:

Classificação e diversidade

Classes principais:

Insectos (Insecta): A maior classe de artrópodes, com mais de um milhão de espécies descritas. Inclui borboletas, escaravelhos, formigas e moscas.

Aracnídeos (Arachnida): Inclui aranhas, escorpiões, carraças e ácaros. Normalmente têm oito patas e dois segmentos corporais (cefalotórax e abdómen).

Crustáceos (Crustacea): Inclui caranguejos, lagostas, camarões e cracas. Muitos são aquáticos e têm dois pares de antenas.

Miriápodes (Myriapoda): Inclui centopeias e milípedes. Possuem numerosos segmentos corporais e patas.

Chelicerates (Chelicerata): Inclui os caranguejos-ferradura e as aranhas-do-mar, bem como os aracnídeos. Têm frequentemente apêndices em forma de pinça.

Caraterísticas:

Segmentação: Corpo dividido em segmentos distintos, muitas vezes com funções especializadas.

Exosqueleto: Esqueleto externo feito de quitina, que proporciona proteção e suporte.

Apêndices articulados: Os membros são articulados e utilizados para o movimento, alimentação e funções sensoriais.

Sistema Circulatório Aberto: O sangue é bombeado para espaços abertos chamados hemocele, em vez de vasos sanguíneos fechados.

Ecologia e importância

Papéis ecológicos: Os artrópodes desempenham papéis fundamentais nos ecossistemas como polinizadores (por exemplo, abelhas), decompositores (por exemplo, escaravelhos), predadores (por exemplo, aranhas) e presas.

Importância económica: Muitos artrópodes são benéficos (por exemplo, as abelhas para a polinização) ou prejudiciais (por exemplo, pragas agrícolas).

Importância médica: Alguns artrópodes transmitem doenças aos seres humanos e aos animais (por exemplo, os mosquitos que transmitem a malária).

Adaptações e reprodução

Adaptações: Diversas adaptações para sobreviver em vários ambientes, incluindo camuflagem, veneno e comportamentos complexos de acasalamento.

Reprodução: Os artrópodes apresentam diversas estratégias de reprodução, incluindo a fertilização interna (por exemplo, insectos e aranhas) e a fertilização externa (por exemplo, crustáceos).

História evolutiva

Os artrópodes têm uma história evolutiva rica que remonta a mais de 500 milhões de anos.

Os primeiros artrópodes eram organismos marinhos, tendo as adaptações terrestres evoluído mais tarde.

As inovações evolutivas incluem o voo nos insectos e apêndices especializados em vários grupos.

Desafios e conservação

Desafios: A perda de habitat, a poluição e as alterações climáticas constituem ameaças à diversidade e às populações de artrópodes.

Conservação: Os esforços para conservar os artrópodes centram-se na preservação do habitat, na agricultura sustentável e na compreensão dos seus papéis ecológicos.

Conclusão

Os artrópodes são um grupo de invertebrados imensamente diverso e bem sucedido que desempenha um papel crucial nos ecossistemas e nas sociedades humanas. Compreender a sua classificação, caraterísticas, papéis ecológicos e história evolutiva é essencial para avaliar a sua importância e enfrentar os desafios da conservação face às alterações ambientais.

Referências

Ash, L. R., & Orihel, T. C. (2007). *Atlas de Parasitologia Humana*. 5ª ed. Sociedade Americana de Patologia Clínica Press.

Cox, F. E. G. (2009). *History of Human Parasitology (História da Parasitologia Humana)*. CRC Press.

Cox, F. E. G. (2013). *Toxoplasmose*. 2nd ed. CRC Press.

Cox, F. E. G. (2018). *Parasitologia moderna: Um livro didático de Parasitologia*. 4a ed. Wiley-Blackwell.

Despommier, D., Griffin, D. O., & Gwadz, R. W. (2019). *Doenças Parasitárias*. 7ª ed. Apple Trees Productions, LLC.

Garcia, L. S., & Bruckner, D. A. (2015). *Parasitologia médica diagnóstica*. 6ª ed. ASM Press.

Gillespie, S. H., & Pearson, R. D. (2001). *Principles and Practice of Clinical Parasitology*. John Wiley & Sons.

Guerrant, R. L., Walker, D. H., & Weller, P. F. (2011). *Doenças Infecciosas Tropicais: Principles, Pathogens, and Practice*. 3ª ed. Saunders.

Heymann, D. L. (2014). *Manual de Controlo das Doenças Transmissíveis*. 20ª ed. Associação Americana de Saúde Pública.

Kennedy, C. R., & Bush, A. O. (Eds.). (2016). *A Biologia dos Parasitas*. 2a ed. Johns Hopkins University Press.

Lammie, P. J., & Hotez, P. J. (Eds.). (2006). *Advances in Parasitology: Volume 61*. Academic Press.

Mandell, G. L., Bennett, J. E., & Dolin, R. (Eds.). (2010). *Mandell, Douglas, and Bennett's Principles and Practice of Infectious Diseases*. 7ª ed., Churchill Livingstone. Churchill Livingstone.

McManus, D. P., & Bowles, J. (1996). *Molecular Parasitology*. Academic Press.

Pawlowski, Z. S., & Eckert, J. (2002). *Helminth Zoonoses*. Springer.

Roberts, L. S., Janovy Jr, J., & Schmidt, G. D. (2009). *Fundamentos de Parasitologia*. 8ª ed., McGraw-Hill Education. McGraw-Hill Education.

Sadun, E. H. (1999). *Basic Laboratory Methods in Medical Parasitology*. CRC Press.

Schantz, P. M. (Ed.). (1994). *Sourcebook of Parasitology*. Springer.

Sherman, I. W. (2016). *Malária: Biologia, Patogénese e Proteção do Parasita*. ASM Press.

Soulsby, E. J. L. (1982). *Helminths, Arthropods and Protozoa of Domesticated Animals (Helmintos, Artrópodes e Protozoários de Animais Domésticos)*. 7ª ed. Baillière Tindall.

Tenter, A. M., Barta, J. R., Beveridge, I., Duszynski, D. W., & Mehlhorn, H. (Eds.). (2002). *Encyclopedia of Parasitology*. Springer.

Toledo, R., & Fried, B. (2018). *Trematódeos digenéticos*. Springer.

Toppari, J., & Shen, S. (Eds.). (2013). *Avanços em Parasitologia: Volume 82*. Academic Press.

Urquhart, G. M., Armour, J., Duncan, J. L., Dunn, A. M., & Jennings, F. W. (1996). *Veterinary Parasitology*. 2ª ed. Blackwell Science.

MIX
Papier aus verantwortungsvollen Quellen
Paper from responsible sources
FSC® C105338

Printed by Books on Demand GmbH, Norderstedt / Germany